全国监理工程师职业资格考试辅导用书

建设工程合同管理
历年真题+考点解读+专家指导

全国监理工程师职业资格考试辅导用书编写委员会　编写

中国建筑工业出版社

图书在版编目（CIP）数据

建设工程合同管理历年真题＋考点解读＋专家指导 /
全国监理工程师职业资格考试辅导用书编写委员会编写
. —北京：中国建筑工业出版社，2024.1
全国监理工程师职业资格考试辅导用书
ISBN 978-7-112-28938-7

Ⅰ.①建…　Ⅱ.①全…　Ⅲ.①建筑工程—经济合同—
管理—资格考试—自学参考资料　Ⅳ.① TU723.1

中国国家版本馆 CIP 数据核字（2023）第 130886 号

本书按照考试大纲要求编写。在编写中将命题要点以图表结合方式作了深层次的剖析和总结，并将重要采分点、易考查采分点等加注下划线，从而有效地帮助考生从纷繁复杂的学习资料中脱离出来，达到事半功倍的复习效果。精选典型真题，对易错点、易混项、计算难点等详细剖析讲解，悉心点拨考生破题技巧，帮助考生掌握考试命题规律和趋势。

编写组从各考点的复习难度、命题规律、考试特点、考试题型等方面进行分析、预测，传授备考策略，提炼记忆口诀，帮助考生拓宽学习思路，解决死记硬背的问题。

本书具有较强的指导性和实用性，可供参加全国监理工程师职业资格考试的考生作为复习指导书。

责任编辑：王华月　张　磊
责任校对：党　蕾

全国监理工程师职业资格考试辅导用书
建设工程合同管理历年真题＋考点解读＋专家指导
全国监理工程师职业资格考试辅导用书编写委员会　编写

＊

中国建筑工业出版社出版、发行（北京海淀三里河路 9 号）
各地新华书店、建筑书店经销
北京点击世代文化传媒有限公司制版
建工社（河北）印刷有限公司印刷

＊

开本：787 毫米 ×1092 毫米　1/16　印张：13　字数：279 千字
2024 年1月第一版　2024 年1月第一次印刷
定价：**45.00** 元（含增值服务）
ISBN 978-7-112-28938-7
（41636）

根据国务院推进"放管服"改革部署，规范职业资格设置和管理，经国务院同意，2017 年 9 月，人力资源社会保障部印发《人力资源社会保障部关于公布国家职业资格目录的通知》（人社部发〔2017〕68 号），将监理工程师列入国家职业资格目录清单，由住房和城乡建设部、交通运输部、水利部和人力资源社会保障部（以下简称四部门）实施。根据《国家职业资格目录》，为统一、规范监理工程师职业资格设置和管理，2020 年 2 月 28 日四部委印发《监理工程师职业资格制度规定》《监理工程师职业资格考试实施办法》，明确了监理工程师职业资格考试设置基础科目和土木建筑工程、交通运输工程、水利工程 3 类专业科目，全国统一大纲、统一命题、统一组织。考试共设《建设工程监理基本理论和相关法规》《建设工程合同管理》《建设工程目标控制》《建设工程监理案例分析》4 个科目。其中《建设工程监理基本理论和相关法规》《建设工程合同管理》为基础科目，《建设工程目标控制》《建设工程监理案例分析》为专业科目。

为了帮助广大考生能在较短时间内适应考试，掌握考试重点、难点，迅速提高应试能力和答题技巧，我们组织一批优秀的考试辅导名师编写了《全国监理工程师职业资格考试辅导用书》。本套丛书包括 6 个分册，分别是：《建设工程监理基本理论和相关法规历年真题＋考点解读＋专家指导》《建设工程合同管理历年真题＋考点解读＋专家指导》《建设工程目标控制（土木建筑工程）历年真题＋考点解读＋专家指导》《建设工程目标控制（水利工程）历年真题＋考点解读＋专家指导》《建设工程监理案例分析（土木建筑工程）历年真题＋考点解读＋专家指导》《建设工程监理案例分析（水利工程）历年真题＋考点解读＋专家指导》。

本套丛书的基本内容包括：

【考生必掌握】这部分具有两大特点：

一是通过对监理工程师职业资格考试命题规律的总结、定位，将考试的命题要点作了深层次的剖析和总结，图表结合讲解，可帮助考生有效形成基础知识的提炼和升华。

二是将重要采分点、易考查采分点等加注下划线，提示考生要特别注意，省却了考生勾画重点的精力。

【**历年这样考**】依托历年众多真题，对易错点、易混项、计算难点等详细剖析讲解，全面引领考生答题方向，悉心点拨考生破题技巧，有效突破考生的思维固态。

【**还会这样考**】编写组在编写过程中，根据考试大纲，结合考试教材，重点筛选后编写了考试还可能会涉及的题目，有利于考生对知识点的全面掌握。

本书还有一大亮点，在文中穿插了【**想对考生说**】【**考生这样记**】等灵活版块。

【**想对考生说**】编写组从各考点的复习难度、命题规律、考试特点、考试题型等方面进行分析、预测，传授备考策略，帮助考生拓宽学习思路，提高学习效率。

【**考生这样记**】编写组根据多年的教学辅导经验，将难理解、难记忆的知识点进行总结，提炼记忆口诀，从而解决了考生死记硬背的问题，达到事半功倍的效果。

【**为考生服务**】为了配合考生的备考复习，我们配备了专家答疑团队，开通了答疑 QQ 群 832215589（加群密码：助考服务）和微信（wfxm-edu），及时为考生提供解答服务。考生还可以通过关注微信公众号（建知云服务）或扫描右方二维码获取考试资讯、了解行业动态，获取冲刺试卷。

建知云服务

目／录

本书特色

> 图表结合，
> 对比记忆，
> 重点勾画，
> 加深理解

图 3-6 资格预审与资格后审

注意：资格预审与资格后审只是对投标人资格审查的时间不同，审查的内容和方法完全相同

采分点 1　合同法律关系主体

【考生必掌握】

合同法律关系主体的相关内容，见表 1-2。

合同法律关系主体	合同法律关系主体	
	应具备的条件	分类　表 1-2
自然人	具备相应的民事权利能力和民事行为能力	可分为完全民事行为能力人、限制民事行为能力人和无民事行为能力人
法人	（1）依法成立。（2）有自己的名称、组织机构、住所、财产或者经费。（3）法人成立的具体条件和程序，依照法律、行政法规的规定。（4）设立法人，法律或者行政法规规定须经有关机关批准的，依照其规定	可分为营利法人、非营利法人和特别法人
非法人组织	能够依法以自己的名义从事民事活动	可分为不具备法人资格的专业服务机构、合伙企业、个人独资企业

【考生这样记】

发包人、监理人、承包人、分包人投保险种中唯一相同的一项是**工伤险和人身意外伤害险**。

【想对考生说】

从上面的历年真题可以看出虽然历年来考查的频次很高，但考查点无外乎下面三个：

（1）根据代理的概念判断某代理行为属于哪种类型？（历年来只对委托代理进行了考查，法定代理并未涉及）

（2）考查委托代理行为的法律后果由谁承担？

（3）考查委托代理授权不明时，代理行为的法律后果由谁承担？

> 总结记忆技巧，
> 分析考试题型，
> 提高复习效果

> 精心筛选典型真题，
> 重难真题深度解析，
> 指导考生答题方向

> 预测考试题目，
> 轻松应对考试

1.【2017 年真题】根据《招标投标法实施条例》，投标人提交的投标保证金不得超过招标项目估算价的（　　）。

A. 2%　　　　　　　　　　　B. 3%

C. 5%　　　　　　　　　　　D. 10%

【答案】A

【想对考生说】

本题是对投标保证金比例的直接考查，在考试时也可能会以具体数字代入，让考生计算，例如：【2015 年真题】某工程施工招标，合同估算价为 3000 万元，招标人要求投标人提交的投标保证金额度是不超过（　　）万元。

2.【2017 年真题】建设工程项目施工评标委员会人数应为 5 人以上单数，其中技术、经济等方面的专家不得少于总人数的（　　）。

A. 1/2　　　　　　　　　　　B. 1/3

C. 2/3　　　　　　　　　　　D. 3/4

【答案】C

【想对考生说】

针对本题字眼要记住两个数字：一是"5 人"，二是"2/3"。在 2019 年的考试中曾对"5 人"进行了考查。

【还会这样考】

1. 某项目 2019 年 3 月 1 日确定了中标人，2019 年 3 月 8 日发出了中标通知书，2019 年 3 月 12 日中标人收到了中标通知书，则签订合同的日期应该不迟于（　　）。

A. 2019 年 3 月 16 日　　　　　　B. 2019 年 3 月 31 日

C. 2019 年 4 月 7 日　　　　　　D. 2019 年 4 月 11 日

【答案】C

2. 关于中标和签订合同的说法，正确的是（　　）。

A. 确定中标人的权利属于招标人

B. 招标人应当授权评标委员会直接确定中标人

C. 发出中标通知书后，招标人无正当理由拒签合同的，招标人向中标人双倍返还投标保证金

D. 中标人应当自中标通知书送达之日起 30 日内，按照招标文件与投标人订立书面合同

【答案】A

考试相关情况说明

一、报考条件

考试科目	报考条件
考全科	凡遵守中华人民共和国宪法、法律、法规，具有良好的业务素质和道德品行，具备下列条件之一者，可以申请参加监理工程师职业资格考试： （1）具有各工程大类专业大学专科学历（或高等职业教育），从事工程施工、监理、设计等业务工作满4年； （2）具有工学、管理科学与工程类专业大学本科学历或学位，从事工程施工、监理、设计等业务工作满3年； （3）具有工学、管理科学与工程一级学科硕士学位或专业学位，从事工程施工、监理、设计等业务工作满2年； （4）具有工学、管理科学与工程一级学科博士学位。 经批准同意开展试点的地区，申请参加监理工程师职业资格考试的，应当具有大学本科及以上学历或学位
免考基础科目	已取得监理工程师一种专业职业资格证书的人员，报名参加其他专业科目考试的，可免考基础科目。考试合格后，核发人力资源社会保障部门统一印制的相应专业考试合格证明。该证明作为注册时增加执业专业类别的依据。 具备以下条件之一的，参加监理工程师职业资格考试可免考基础科目： （1）已取得公路水运工程监理工程师资格证书； （2）已取得水利工程建设监理工程师资格证书

二、考试科目

监理工程师职业资格考试设《建设工程监理基本理论和相关法规》《建设工程合同管理》《建设工程目标控制》《建设工程监理案例分析》4个科目。其中《建设工程监理基本理论和相关法规》《建设工程合同管理》为基础科目，《建设工程目标控制》《建设工程监理案例分析》为专业科目。

监理工程师职业资格考试专业科目分为土木建筑工程、交通运输工程、水利工程3个专业类别，考生在报名时可根据实际工作需要选择。其中，土木建筑工程专业由住房和城乡建设部负责；交通运输工程专业由交通运输部负责；水利工程专业由水利部负责。

三、考试成绩管理

监理工程师职业资格考试成绩实行4年为一个周期的滚动管理办法，在连续的4个考试年度内通过全部考试科目，方可取得监理工程师职业资格证书。

免考基础科目和增加专业类别的人员，专业科目成绩按照 2 年为一个周期滚动管理。

四、注册管理

国家对监理工程师职业资格实行执业注册管理制度。取得监理工程师职业资格证书且从事工程监理相关工作的人员，经注册方可以监理工程师名义执业。

经批准注册的申请人，由住房和城乡建设部、交通运输部、水利部分别核发《中华人民共和国监理工程师注册证》（或电子证书）。

监理工程师执业时应持注册证书和执业印章。注册证书、执业印章样式以及注册证书编号规则由住房和城乡建设部会同交通运输部、水利部统一制定。执业印章由监理工程师按照统一规定自行制作。注册证书和执业印章由监理工程师本人保管和使用。

住房和城乡建设部、交通运输部、水利部按照职责分工建立监理工程师注册管理信息平台，保持通用数据标准统一。住房和城乡建设部负责归集全国监理工程师注册信息，促进监理工程师注册、执业和信用信息互通共享。

住房和城乡建设部、交通运输部、水利部负责建立完善监理工程师的注册和退出机制，对以不正当手段取得注册证书等违法违规行为，依照注册管理的有关规定撤销其注册证书。

微信扫码 免费听课

第一节　合同管理任务和方法

一、招标采购阶段的管理任务和方法

【考生必掌握】

【想对考生说】

　　合同管理贯穿于工程项目全过程，是工程项目管理的核心，工程建设质量、投资、进度目标的设置及其管控，都是以合同为依据确立的。

　　建设工程合同管理涵盖招标采购、合同策划、合同签订、合同履行等多个阶段，下面就先来学习一下招标采购阶段的管理任务和方法。

　　1. 招标采购阶段的管理任务和方法

　　招标采购阶段的管理任务和方法包括：

　　（1）开展建设工程项目招标采购的总体策划。开展工程采购招标总体策划首先应根据项目目标要求，对整个项目的采购工作做出总体策划安排，要明确项目需要采购哪些工程、服务和物资，应用目标分解、工作分解结构（WBS）等方法制定总体采购计划和采购清单；在此基础上进行采购标段划分，考虑工程如何划分标段，物资如何进行分批次采购；拟定采购计划安排，采购方式和采购时间安排、采购组织和管理协调工作安排。

　　（2）根据标准文本编制招标文件和合同条件（要熟悉掌握参考选用标准示范文本的作用）。

　　（3）细化项目参建各相关方的合同界面管理。

　　（4）合理选择适合建设工程特点的合同计价方式。

　　2. 合同计价方式

　　选择好适合项目特点的合同计价方式是招标采购和合同管理工作的关键。建设工程施工合同根据计价方式不同，有单价合同、总价合同和成本加酬金合同等不同计价方式，具体见表1-1。

合同计价方式　　　　　　　　　　　　　　　表 1-1

方式	分类	风险分担	特点	适用
单价合同	固定单价合同	在施工工程"价"和"量"方面的风险分配对合同双方均显公平	（1）单价优先。 （2）利于尽早开工。 （3）实际应付工程款可能超过估算，控制投资难度较大	多适用于在发包时施工工程内容和工程量尚不能明确确定的情况
	可变单价合同			
总价合同	固定总价合同	承包商几乎承担了工作量及价格变动的全部风险	对业主而言，在合同签订时就可以基本确定项目总投资额，有利于投资控制；通过把风险分配给承包商，业主承担的风险较小	一般适用于工程范围和任务明确，工程设计图纸完整详细，承包商了解现场条件、能准确确定工程量及施工计划，施工期较短、价格波动不大的项目。 施工期限一年左右的项目
	可调总价合同	市场价格变动等风险由业主承担	与固定总价合同相比，在一定程度上降低了承包商的风险，但对业主而言，突破合同既定价格的风险有所增大	建设周期一年半以上的，宜采用可调总价合同
成本加酬金合同	成本加固定酬金合同	价格变化或工程量变化的风险基本都由业主承担	（1）承包商利润有保证。 （2）不利于业主的投资控制	通常仅适用于工程复杂，工程技术、结构方案难以预先确定，时间特别紧迫（如抢险救灾）的项目
	成本加固定百分比酬金合同			
	成本加可变酬金合同			

【历年这样考】

1.【2023年真题】建设工程招标采购总体策划中，制定总体采购计划和采购清单时，可采用的方法是（　　）。

A. 工作分解结构（WBS）　　　　　　　　B. 责任分配矩阵（RAM）

C. 组织分解结构（OBS）　　　　　　　　D. 利益主体网络（SN）

【答案】A。

2.【2022年真题】我国工程建设领域推行标准招标合同文件，当事人选用标准合同文本将有利于（　　）。

A. 降低合同价格　　　　　　　　　　　　B. 避免条款缺项漏项

C. 提高交易效率　　　　　　　　　　　　D. 审计监督合同

E. 条款符合法规要求

【答案】BCDE。

3.【2021年真题】与单价合同相比，固定总价合同的特点有（　　）。

A. 适用于地下条件复杂的工程　　　　　　B. 适用于时间特别紧迫的工程

C. 业主控制投资的难度大　　　　　　　　D. 承包商承担价格变化的风险较大

E. 对承包商准确预估工程量的要求高

【答案】DE。

4.【2020 年真题】下列合同计价方式中，在工程施工中"量"和"价"方面的风险分配对合同双方均显公平的是（　　）。

A. 单价合同　　　　　　　　　　　B. 固定总价合同

C. 可调总价合同　　　　　　　　　D. 成本加酬金合同

【答案】A。

【还会这样考】

1. 下列合同计价方式中，仅适用于工程复杂，工程技术、结构方案难以预先确定，时间特别紧迫项目的计价方式是（　　）。

A. 固定单价合同　　　　　　　　　B. 固定总价合同

C. 可调总价合同　　　　　　　　　D. 成本加酬金合同

【答案】D。

2. 招标采购阶段合同管理的任务和方法主要包括（　　）。

A. 组织做好合同评审工作

B. 根据标准文本编制招标文件和合同条件

C. 开展建设工程项目招标采购的总体策划

D. 细化项目参建各相关方的合同界面管理

E. 落实细化合同交底工作

【答案】BCD。

二、合同签订及履行阶段的管理任务和方法

【考生必掌握】

合同签订及履行阶段的管理任务和方法主要包括：

（1）组织做好合同评审工作。

（2）制定完善的合同管理制度和实施计划。

（3）落实细化合同交底工作。

（4）及时进行合同跟踪、诊断和纠偏（PDCA 循环）。

（5）灵活规范应对处理合同变更问题。

（6）开发和应用信息化合同管理系统。

（7）正确处理合同履行中的索赔和争议。

（8）开展合同管理评价与经验教训总结。

（9）倡导构建合同各方合作共赢机制。

（10）遵守贯彻绿色低碳的原则和理念。

合同评审主要包括的内容：合法性、合规性评审；合理性、可行性评审；合同严密性、完整性评审；与产品或过程有关要求的评审；合同风险评估。

合同实施计划应包括：1）合同实施总体安排；2）合同分解与管理策划；3）合同

实施保证体系的建立。

通常，合同变更应当符合的条件：1）变更的内容应符合合同约定或者法律法规规定。变更超过原设计标准或者批准规模时，应由当事方按照规定程序办理变更审批手续。2）变更或变更异议的提出，应符合合同约定或者法律法规规定的程序和期限。3）变更应经当事方或其授权人员签字或盖章后实施。4）变更对合同价格及工期有影响时，相应调整合同价格和工期。

开发和应用信息化合同管理系统应根据合同约定做好数字化成果交付，包括数字化工程质量验收文件、施工影像资料、建筑信息模型等。

【想对考生说】

在考查合同签订及履行阶段的管理任务和方法时很可能会将招标采购阶段的管理任务和方法设置为干扰选项，因此考生要注意区分，避免混淆。除上述内容外还要对技术交底的内容有所了解。

【历年这样考】

【2023年真题】合同实施计划是保证合同履行的重要手段，合同实施计划应包括（　　）。

A. 合同主要内容　　　　　　　　B. 合同实施的主要风险

C. 合同实施总体安排　　　　　　D. 合同分解与管理策划

E. 合同实施保证体系的建立

【答案】CDE。

【想对考生说】

2020年的考试中也以多项选择题的形式对合同实施计划应包括的内容进行了考查。

【还会这样考】

合同签订及履行阶段的管理任务和方法包括（　　）。

A. 遵守贯彻绿色低碳的原则和理念

B. 合理选择适合建设工程特点的合同计价方式

C. 制定完善的合同管理制度和实施计划

D. 及时进行合同跟踪、诊断和纠偏

E. 开展合同管理评价与经验教训总结

【答案】ACDE。

第二节　合同管理相关法律基础

一、合同法律关系的构成

扫码学习

【想对考生说】

　　合同法律关系的构成是每年考试的必考内容，考生一定要掌握。在讲解具体内容之前，先来学习一下合同法律关系的概念：合同法律关系是指由合同法律规范所调整的、在民事流转过程中所产生的权利义务关系。

　　合同法律关系包括合同法律关系主体、合同法律关系客体、合同法律关系内容三个要素。2019 年、2021 年都对"三要素"考查了一道多项选择题，题目可以这样设置："合同法律关系包含的要素有（　　）。"下面将以这三个要素为考点，逐项讲述考生要掌握的要点。

采分点1　合同法律关系主体

【考生必掌握】

　　合同法律关系主体的相关内容，见表 1-2。

合同法律关系主体

表 1-2

合同法律关系主体	应具备的条件	分　类
自然人	具备相应的民事权利能力和民事行为能力	可分为完全民事行为能力人、限制民事行为能力人和无民事行为能力人
法人	（1）依法成立。 （2）有自己的名称、组织机构、住所、财产或者经费。 （3）法人成立的具体条件和程序，依照法律、行政法规的规定。 （4）设立法人，法律、行政法规规定须经有关机关批准的，依照其规定	可分为营利法人、非营利法人和特别法人
非法人组织	能够依法以自己的名义从事民事活动	可分为不具备法人资格的专业服务机构、合伙企业、个人独资企业

【历年这样考】

1.**【2018 年真题】**关于法人应当具备的条件的说法，正确的是（　　）。

A. 法人应在政府主管部门备案　　　　B. 法人应具有规定数额的经费

C. 法人应有自己的组织机构　　　　　D. 法人应抵押与经营规模相适应的财产

【答案】C。

2.**【2018 年真题】**下列合同法律关系主体中，属于法人的有（　　）。

A. 某商业银行北京分行　　　　　　　B. 某股份有限公司

C. 尚未完成改制的某国有企业　　　　D. 某项目经理部

E. 某施工企业法定代表人

【答案】BC。

3.**【2015 年真题】**合同法律关系的主体是享有相应权利、承担相应义务的合同当事人，包括（　　）。

A. 自然人　　　　　　　　　　　　　B. 企业法定代表人

C. 企业法人　　　　　　　　　　　　D. 非企业法人

E. 其他组织

【答案】ACDE。

【还会这样考】

根据《民法典》，自然人作为合同法律关系主体必须具备的条件是（　　）。

A. 取得相应的执业资格证书　　　　B. 有依法成立的公司

C. 具有中华人民共和国国籍　　　　D. 具备相应的民事权利能力和民事行为能力

【答案】D。

采分点 2　合同法律关系的客体

【想对考生说】

这部分内容虽然在教材中所占篇幅不大，但考查频次非常高，是考生的备考复习重点。为了能够更好地掌握，先来学习一下合同法律关系客体的概念：

合同法律关系客体，是指参加合同法律关系的主体享有的权利和承担的义务所共同指向的对象，主要包括<u>物</u>、<u>行为</u>、<u>智力成果</u>。

【考生必掌握】

合同法律关系的客体，如图 1-1 所示。

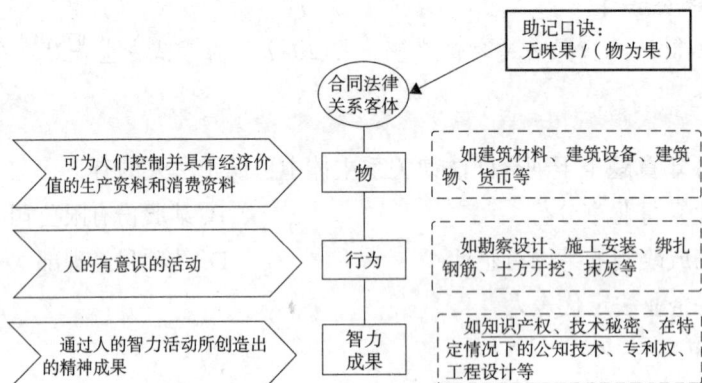

图 1-1　合同法律关系的客体

【历年这样考】

【想对考生说】

从历年考试情况来看，对法律关系客体中的"物"考查的次数最多。可能有的考生觉得这一考点很难，但其实只要记住三类客体的具体示例得分也不是难事。

1.【2020 年真题】合同法律关系的客体包括（　　）。

A. 当事人　　　　　　　　　　　　　　B. 物

C. 行为　　　　　　　　　　　　　　　D. 权力

E. 智力成果

【答案】BCE。

2.【2019 年真题】下列合同法律关系中，建筑材料可以成为合同客体的是（　　）。

A. 施工合同

B. 设计合同

C. 买卖合同

D. 勘察合同

【答案】C。

【想对考生说】

本题考查的是合同法律关系的客体——物，在 2015、2016 年的考试中也曾对这一考点进行了考查。

3.【2017 年真题】合同法律关系客体的智力成果指的是（　　）。

A. 建筑物

B. 设计工作

C. 技术秘密

D. 工艺技术设备

【答案】C。

【还会这样考】

1. 下列合同法律关系的客体中，属于物的是（　　）。

A. 知识产权

B. 技术秘密

C. 建筑设备

D. 绑扎钢筋

【答案】C。

2. 在借款合同中，货币表现为合同法律关系的（　　）。

A. 权利

B. 义务

C. 主体

D. 客体

【答案】D。

二、合同法律关系的产生、变更与消灭

【想对考生说】

（1）合同法律关系的产生、变更与消灭同样是历年考试的重要考点，属于考生备考复习的重点。

（2）考生一定要牢记：能够引起合同法律关系产生、变更和消灭的客观现象和事实，就是法律事实。

【考生必掌握】

法律事实包括行为和事件，如图 1-2 所示。

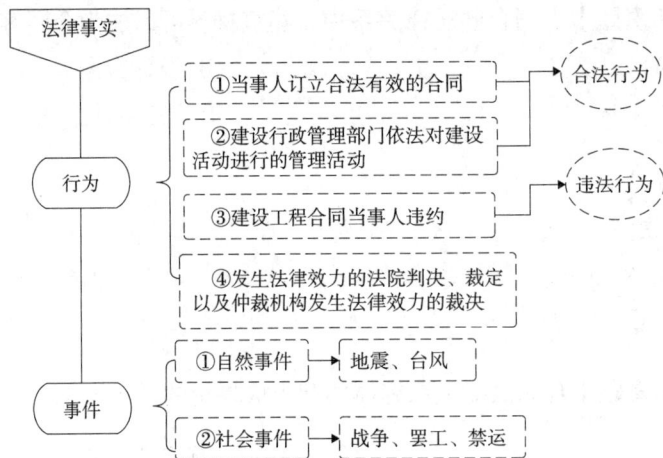

图 1-2　法律事实

【历年这样考】

> **【想对考生说】**
>
> 通过分析历年真题的考查情况可以总结出以下规律：
>
> （1）考查形式有两种：一是采用说法正确与否的形式；二是直接提问法律事实的情形有哪些？
>
> （2）考查重点集中在"行为"上。

1.【2019年真题】能够引起合同法律关系产生、变更和消灭的情形有（　　）。

A. 当事人订立合法合同　　　　　　　　B. 法律对合同形成作出规定

C. 合同一方当事人违约　　　　　　　　D. 行政机关作出罚款

E. 人民法院对合同纠纷作出判决

【答案】ACDE。

> **【想对考生说】**
>
> 2014年的考试中也同本题一样采用了直接提问的方式，考查法律事实的具体情形。

2.【2018年真题】关于法律事实的说法，正确的是（　　）。

A. 法律事实不包括事件

B. 罢工属于法律事实中的行为

C. 法院判决不属于法律事实中的行为

D. 合同当事人违约属于法律事实中的行为

【答案】D。

【想对考生说】

2015 年的考试中也同本题一样采用了说法正确与否的方式考查了法律事实。

【还会这样考】

关于合同法律关系的产生、变更与消灭的说法，正确的是（　　）。

A. 能够引起合同法律关系产生、变更和消灭的客观现象和事实，就是法律事实

B. 发生效力的法院判决能够引起法律关系的产生、变更与消灭

C. 行政行为无法引起法律关系的产生、变更与消灭

D. 建设工程合同当事人违约，会导致建设工程合同关系的变更或者消灭

E. 能够引起法律关系发生、变更和消灭的行为，不包括不作为的表现形式

【答案】ABD。

三、代理关系

【想对考生说】

代理关系是历年考试的高频考点，涉及内容广且很多内容需要理解，考生应将其列为备考复习重点。先来看一下代理的概念：代理是代理人以被代理人的名义实施的民事法律行为，所以在代理关系中所设定的权利义务，应当直接归属被代理人享受和承担。

从代理的概念便可以总结出代理的法律特征，那么就先从代理的概念出发来学习一下代理关系的第一个考点——代理的特征。

扫码学习

采分点 1　代理的特征

【考生必掌握】

代理的特征可以从下面两个方面来记忆：

（1）从代理人角度分析：

① 在代理权限范围内实施代理行为；

② 以被代理人的名义实施代理行为；

③ 在授权范围内独立地表现自己的意志。

（2）从被代理人角度分析：对代理行为承担民事责任。

【历年这样考】

1.【2019 年真题】关于民事代理的说法，正确的有（　　）。

A. 代理人必须在代理范围内实施代理行为

B. 代理人只能依照被代理人的意志实施代理行为

C. 代理人以自己的名义实施代理行为

D. 被代理人对代理人的代理行为承担责任

E. 被代理人对代理人不当代理行为不承担责任

【答案】AD。

2.【2016 年真题】施工企业法定代表人授权项目经理进行工程项目投标，中标后形成的合同义务由（　　）承担。

A. 施工企业法定代表人　　　　　　B. 拟派项目经理

C. 施工项目部　　　　　　　　　　D. 施工企业

【答案】D。

【想对考生说】

（1）2015 年的考试中也同样采用了本题的形式进行考查。

（2）本考点较为简单，相信考生看过上面的真题后已经能够理解了，下面就不再为考生准备习题了。

采分点 2　代理的种类

【考生必掌握】

1. 代理的种类

以代理权产生的依据不同，可将代理分为委托代理和法定代理。

2. 委托代理

【想对考生说】

委托代理的相关知识基本每年都会考到，历年来的考查重点主要集中在以下内容。

（1）授权委托书应当载明代理人的姓名或者名称、代理事项、权限和期间，并由被代理人签名或者盖章。

（2）工程建设中涉及的代理主要是委托代理。

（3）项目经理作为施工企业的代理人、总监理工程师作为监理单位的代理人等均属于委托代理。

（4）如委托代理的授权范围不明确，应当由被代理人（单位）向第三人承担民事责任，代理人负连带责任。

【历年这样考】

1.【2022 年真题】委托代理采用书面形式授权的，授权委托书应当载明的内容有（　　）。

　　A. 代理事项　　　　　　　　　　B. 代理权限

　　C. 代理人姓名或名称　　　　　　D. 代理费用

　　E. 代理期限

【答案】ABCE。

2.【2019年真题】施工企业负责人授权项目经理负责工程项目管理，其授权行为构成（　　）。

　　A. 表见代理　　　　　　　　　　B. 法定代理

　　C. 指定代理　　　　　　　　　　D. 委托代理

【答案】D。

【想对考生说】

　　在2009年、2010年、2011年、2018年的考试中也采用了本题的提问方式对委托代理进行了考查。

3.【2019年真题】因被代理人对代理人授权不明确，给第三人造成损失，关于损失承担的说法，正确的是（　　）。

　　A. 由被代理人自行承担责任　　　B. 由代理人自行承担责任

　　C. 由第三人自行承担责任　　　　D. 由被代理人与代理人承担连带责任

【答案】D。

4.【2018年真题】在施工合同关系中，关于施工企业项目经理的说法，正确的有（　　）。

　　A. 项目经理是施工企业的代理人

　　B. 项目经理是项目经理部的代理人

　　C. 施工企业应对项目经理的行为承担民事责任

　　D. 项目经理部应对项目经理的行为承担民事责任

　　E. 项目经理应对其行为承担民事责任

【答案】AC。

【想对考生说】

　　从上面的历年真题可以看出，虽然历年来考查的频次很高，但考查点无外乎下面三个：

　　（1）根据代理的概念判断某代理行为属于哪种类型？（历年来只对委托代理进行了考查，法定代理并未涉及）

　　（2）考查委托代理行为的法律后果由谁承担？

　　（3）考查授权委托书的内容以及委托代理授权不明时，代理行为的法律后果由谁承担？

【还会这样考】

下列代理行为中，不属于委托代理的是（   ）。

A. 招标代理   B. 采购代理

C. 诉讼代理   D. 指定代理

【答案】D。

采分点 3　无权代理

【考生必掌握】

【想对考生说】

无权代理需要从以下两方面掌握：

（1）无权代理的三种情形；

（2）无权代理行为的法律后果。

无权代理的相关内容，如图 1-3 所示。

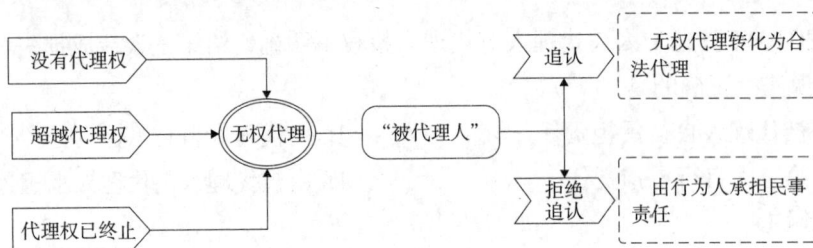

图 1-3　无权代理

【历年这样考】

1.【2019 年真题】民法上"无权代理"主要包括（   ）的代理行为。

A. 没有代理权   B. 代理权授权范围不明

C. 超越代理权   D. 代理权终止以后

E. 授权代理时限不清

【答案】ACD。

2.【2016 年真题】关于无权代理的说法，正确的有（   ）。

A. 超越代理权限而为的"代理"行为属于无权代理

B. 代理权终止后的"代理"行为的后果直接归属"被代理人"

C. 对无权代理行为，"被代理人"可以行使"追认权"

D. 无权代理行为按一定程序可以转化为合法代理行为

E. 无权代理行为由行为人承担民事责任

【答案】ACD。

【还会这样考】

下列关于无权代理行为法律后果的说法中，正确的有（　　）。

A. 无权代理的代理行为无效

B. 无权代理行为是否有效取决于"被代理人"是否予以追认

C. 无权代理行为经"被代理人"追认的，由被代理人和行为人承担民事责任

D. 无权代理行为经"被代理人"追认的，由被代理人承担民事责任

E. 未经追认的无权代理行为，由行为人承担民事责任

【答案】BDE。

第三节　合同担保

一、担保方式——保证

扫码学习

【想对考生说】

《民法典》规定的担保方式包括保证、抵押、质押、留置和定金。在这五种担保方式中，除了定金外其他四类均为历年考试的高频考点，考生要重视。

关于担保方式的助记口诀：保底（抵）定金要留置；质押转移有限制。

保证是指保证人和债权人约定，当债务人不履行债务时，保证人按照约定履行债务或者承担责任的行为。关于保证需要着重掌握保证方式、保证人资格、保证责任承担三方面内容。

采分点1　保证法律关系主体

【考生必掌握】

保证法律关系主体的相关内容，如图1-4所示。

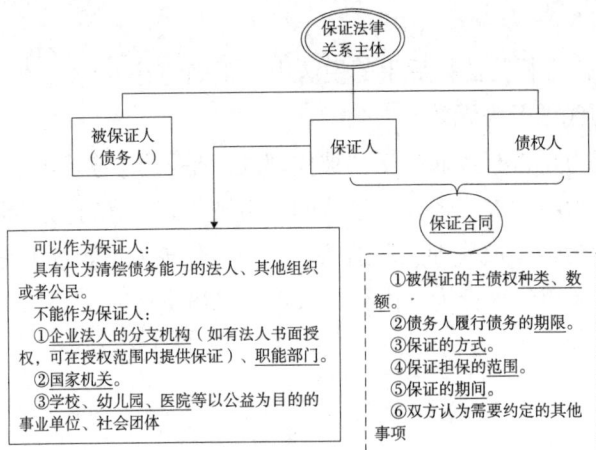

图 1-4　保证法律关系主体

【历年这样考】

1.【2019年真题】保证法律关系应当参加的主体至少有（　　）。

A. 保证人、被保证人

B. 保证人、被保证人、债权人

C. 被保证人、债权人

D. 保证人、债权人

【答案】B。

2.【2019年真题】下列组织或机构中，不能作为保证人的是（　　）。

A. 非银行金融机构

B. 国家机关

C. 企业法人

D. 合伙企业

【答案】B。

【想对考生说】

保证人的资格特别是不能作为保证人的组织有哪些是考生一定要掌握的知识点，考查时可能会采用说法正确与否的方式提问，也可能会直接让考生选出备选项中不能作为保证人的是哪一个。

3.【2018年真题】关于保证人资格的说法，正确的是（　　）。

A. 公民个人不得作为保证人

B. 企业法人的职能部门一律不得作为保证人

C. 企业法人的分支机构一律不得作为保证人

D. 学校在一定条件下可以作为保证人

【答案】B。

【想对考生说】

2013年的考试中也同样采用了说法正确与否的方式对保证人资格进行了考查。

【还会这样考】

按照《民法典》的规定，可以作为保证人的是（　　）。

A. 厂矿的职能部门　　　　　　　　B. 有限责任公司

C. 政府机关　　　　　　　　　　　D. 某高等学校

【答案】B。

采分点2　保证方式

扫码学习

【考生必掌握】

保证方式的相关要点用表格的形式体现会更直观，也更容易理解和掌握，详见表1-3。不理解的同学也可以进行扫码学习。

保证方式　　　　　　　　　　　　　　　　　　　　　　　表1-3

保证方式	当履行期届满债务人未履行债务时保证责任的承担	保证期限
一般保证	保证人在主合同纠纷未经审判或者仲裁，并就债务人财产依法强制执行仍不能履行债务前，对债权人可以拒绝承担担保责任	有约定时从其约定，未约定时为主债务履行期届满之日起6个月
连带责任保证	债权人要求保证人承担保证责任，保证人应承担	

注意：当事人没有约定或者约定不明确的，按照一般保证承担保证责任

【历年这样考】

1.**【2022年真题】**根据《民法典》合同编，当事人在保证合同中对保证方式没有约定或约定不明确的，保证人按照（　　）方式承担保证责任。

A. 连带责任　　　　　　　　　　　B. 仲裁协议约定

C. 一般保证　　　　　　　　　　　D. 当事人诉讼请求

【答案】C。

2.**【2021年真题】**保证合同中，债务人与保证人对保证期间没有约定或者约定不明确的，保证期间为主债务履行期届满之日起（　　）个月。

A. 1　　　　　　　　　　　　　　　B. 3

C. 6　　　　　　　　　　　　　　　D. 12

【答案】C。

【还会这样考】

1. 甲建设单位与乙施工单位签订了施工合同，由丙公司为甲出具工程款的支付担保，担保方式为一般保证。甲到期未能支付工程款，乙应当要求（　　）。

A. 丙先行代为清偿　　　　　　　　　B. 甲和丙按比例支付

C. 甲先行支付　　　　　　　　　　　D. 甲和丙协商支付

【答案】C。

2. 当采用保证方式进行担保时，（　　）。

A. 债务人与债权人是保证合同的当事人，当债务人不履行债务时，由保证人承担责任

B. 债务人与债权人是保证合同的当事人，当债务人不履行债务时，由保证人承担责任

C. 保证人与债务人是保证合同的当事人，当债务人不履行债务时，由保证人承担责任

D. 保证人与债权人是保证合同的当事人，当债务人不履行债务时，由保证人承担责任

【答案】D。

采分点3　保证责任

【考生必掌握】

（1）保证担保的范围包括主债权及利息、违约金、损害赔偿金及实现债权的费用。

注意：当事人对保证担保的范围没有约定或者约定不明确的，保证人应当对全部债务承担责任。

（2）保证期间债权人与债务人协议变更主合同或者债权人许可债务人转让债务的，应当取得保证人的书面同意，否则保证人不再承担保证责任。

【历年这样考】

1.【2018年真题】关于保证担保方式的说法，正确的有（　　）。

A. 保证可分为一般保证和连带责任保证两种方式

B. 当事人没有约定保证方式的，按一般保证承担保证责任

C. 以公益为目的的事业单位不能作为保证人

D. 连带责任保证的责任重于一般保证的责任

E. 保证担保的范围仅限于违约金和损害赔偿金

【答案】ABCD。

【想对考生说】

2012年的考试中也同样采用了说法正确与否的方式考查了保证担保方式。本题的考点涵盖了保证方式与保证责任，题目稍有难度。

2.【2017年真题】保证合同的担保范围包括（　　）。

A. 主债权及利息　　　　　　　　　　B. 债权人的间接损失

C. 违约金　　　　　　　　　　　　　D. 债权人实现债权的费用

E. 保证合同另有约定的财产损失

【答案】ACDE。

3.【2016 年真题】保证合同对担保范围没有约定时，保证担保的范围包括（　　）。

A. 主债权及利息　　　　　　　　　　B. 违约金

C. 行政罚款　　　　　　　　　　　　D. 损害赔偿金

E. 实现债权的费用

【答案】ABDE。

【想对考生说】

相较于第 2 题，本题多绕了一个弯，解答本题需要先明确一点：当事人对保证担保的范围没有约定或者约定不明确的，保证人应当对全部债务承担责任。分析到此，就会知道本题实际上和第 2 题考查的是同一知识点。

【还会这样考】

关于保证责任的说法，正确的是（　　）。

A. 当事人在保证合同中约定债务人不能履行债务时，由保证人承担保证责任的为连带责任保证

B. 保证期间债权人许可债务人转让债务的，书面通知保证人后，保证人继续承担保证责任

C. 当事人对保证的范围没有约定，保证人应当对全部债务承担责任

D. 一般保证的保证人未约定保证期间的，保证期间为主债务履行期届满前 6 个月

【答案】C。

二、担保方式——抵押

采分点 1　抵押的概念

【考生必掌握】

抵押是指债务人或者第三人向债权人以不转移占有的方式提供一定的财产作为抵押物，用以担保债务履行的担保方式。

【想对考生说】

对于这个概念，考生需要掌握以下两个要点：

（1）抵押物不转移占有。

（2）债务人或第三人被称为抵押人；债权人被称为抵押权人；提供担保的财产被称为抵押物。

【历年这样考】

【2016 年真题】公司甲以其自有办公楼作为抵押物为公司乙向银行申请贷款提供抵押担保，并在登记机关办理了抵押登记，该担保法律关系中，抵押人为（　　）。

A. 公司甲　　　　　　　　　　　　　　　B. 公司乙

C.银行   D.登记机关

【答案】A。

【还会这样考】

在下列担保方式中，不转移对担保财产占有的是（　　）。

A.定金   B.质押

C.抵押   D.留置

【答案】C。

采分点2　抵押物

【考生必掌握】

【想对考生说】

对于抵押物需要掌握两个要点：一是抵押物的范围；二是抵押权的设立方式。关于抵押物的范围考生除了应知道可以作为抵押物的财产范围外，还需要了解不得作为抵押物的财产有哪些。

抵押物的范围，见表1-4。

抵押物的范围   表1-4

可以抵押的财产	不得抵押的财产
（1）建筑物和其他土地附着物。 （2）建设用地使用权。 （3）海域使用权。 （4）生产设备、原材料、半成品、产品。 （5）正在建造的建筑物。 （6）正在建造的船舶、航空器。 （7）交通运输工具。 （8）法律、行政法规未禁止抵押的其他财产。 以建筑物抵押的，该建筑物占用范围内的建设用地使用权一并抵押。以建设用地使用权抵押的，该土地上的建筑物一并抵押。抵押人一并抵押的，未抵押财产视为一并抵押	（1）土地所有权。 （2）宅基地、自留地、自留山等集体所有的土地使用权，但法律规定可以抵押的除外。 （3）学校、幼儿园、医疗机构等以公益为目的成立的非营利法人的教育设施、医疗卫生设施和其他公益设施。[公益目的] （4）所有权、使用权不明或者有争议的财产。[有争议] （5）依法被查封、扣押、监管的财产。[有瑕疵] （6）依法不得抵押的其他财产。[被禁止]
注意：以（1）、（2）、（3）、（5）项抵押的，应当办理抵押登记，抵押权自登记时设立。 以（4）、（6）、（7）项抵押的，抵押权自抵押合同生效时设立	

【想对考生说】

关于不得抵押财产的范围考生可从上述总结方向理解记忆。

【历年这样考】

1.【2023年真题】以下哪些财产可以作为抵押物（　　）。

A.土地所有权   B.建筑材料

C. 正在建的建筑物　　　　　　　　D. 建设用地使用权

E. 非营利的公益设施

【答案】BCD。

2.【2021 年真题】关于抵押权的说法，正确的有（　　）。

A. 以动产抵押的，抵押权在主债务履行时生效

B. 以建设用地使用权抵押的，该土地上建筑物一并抵押

C. 以正在建造的建筑物抵押的，应办理在建工程抵押登记

D. 设立抵押权，当事人应采用书面形式订立抵押合同

E. 使用权不明的财产不得抵押

【答案】BCDE。

3.【2020 年真题】建设单位与银行签订贷款抵押合同时，不得用于抵押的财产是（　　）。

A. 建设用地使用权　　　　　　　　B. 正在建造的建筑物

C. 土地所有权　　　　　　　　　　D. 正在使用的交通工具

【答案】C。

4.【2018 年真题】关于抵押的说法，正确的是（　　）。

A. 抵押物只能由债务人提供　　　　B. 正在建造的建筑物可用于抵押

C. 提单可用于抵押　　　　　　　　D. 抵押物应当转移占有

【答案】B。

【想对考生说】

2013 年的考试中同样采用说法正确与否的方式考查了抵押的相关知识。

【还会这样考】

1. 某开发商以 A 地块的建设用地使用权作为向银行贷款的担保，确保按期还贷，此担保方式属于（　　）。

A. 保证　　　　　　　　　　　　　B. 质押

C. 抵押　　　　　　　　　　　　　D. 留置

【答案】C。

2. 以正在建造的建筑物抵押的，抵押权自（　　）时设立。

A. 抵押合同成立　　　　　　　　　B. 建筑工程竣工

C. 抵押合同生效　　　　　　　　　D. 抵押登记

【答案】D。

采分点 3　抵押的效力和最高额抵押权
【考生必掌握】

（1）抵押期间，抵押人未经抵押权人同意，不得转让抵押财产，但受让人代为清

偿债务消灭抵押权的除外。

（2）抵押期间，抵押人经抵押权人同意转让抵押财产的，应当将转让所得的价款向抵押人提前清偿债务或者提存。转让的价款超过债权数额的部分归抵押人所有，不足部分由债务人清偿。

（3）抵押权与其担保的债权同时存在，抵押权不得与债权分离而单独转让或者作为其他债权的担保。

（4）最高额抵押权设立前已经存在的债权，经当事人同意，可以转入最高额抵押担保的债权范围。

【历年这样考】

【2013 年真题】某施工企业从银行借款 1000 万元，以房产作抵押。施工企业经营亏损无力还贷，除本金外，施工企业还欠银行利息 200 万元，违约金 200 万元。银行经诉讼后抵押房产被拍卖，得款 2000 万元。银行诉讼及申请拍卖费用 50 万元，则拍卖得款的分配应为（　　）。

A.全部归银行所有 　　　　　　　　B.返还施工企业 550 万元

C.返还施工企业 600 万元 　　　　　　D.返还施工企业 750 万元

【答案】B。

【解析】应返还施工企业 2000–1000–200–200–50=550 万元。

【想对考生说】

抵押的效力通常不会单独考查，一般会作为一个备选项与抵押的其他相关内容放在一起，考查一道综合性的题目。

【还会这样考】

关于抵押的说法，正确的是（　　）。

A.当事人可以在抵押合同中约定抵押担保的范围

B.抵押人没有义务妥善保管抵押物并保证其价值不变

C.转让抵押物的价款只需高于担保债权即可

D.抵押权可以与其担保的债权分离而单独转让

【答案】A。

采分点 4　抵押权的实现方式

【考生必掌握】

【想对考生说】

债务人不履行到期债务或者发生当事人约定的实现抵押权的情形，抵押权人可以与抵押人协议以抵押财产折价或者以拍卖、变卖该抵押财产所得的价款优先受偿。

考生在学习价款清偿时还需要掌握以下两个要点。

（1）价款超过债权数额的部分归**抵押人**所有，不足部分由**债务人**清偿。

（2）同一财产向两个以上债权人抵押的，拍卖、变卖抵押财产所得价款的清偿原则，如图1-5所示。（以同一财产向两个债权人抵押为例）

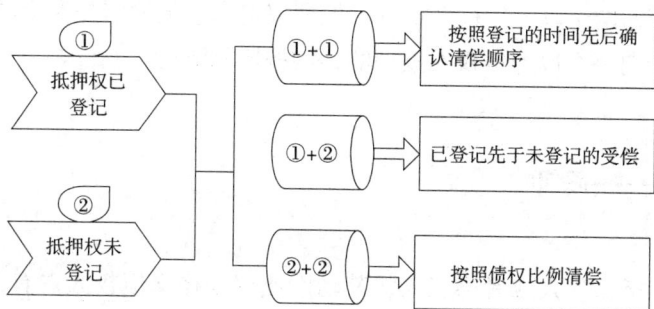

图1-5　抵押权的实现方式

【历年这样考】

1.【2017年真题】同一财产向两个以上的债权人抵押的，正确处理变卖抵押财产价款的清偿顺序为（　　）。

A.抵押权已登记的，按登记的先后顺序清偿

B.抵押权登记的顺序相同的，先主张权利的先清偿

C.抵押权已登记的先于未登记的先清偿

D.抵押权都未登记的，按照债权比例清偿

E.抵押权都未登记的，先保全的先清偿

【答案】ACD。

【想对考生说】

2015年的考试中也曾考查了变卖抵押财产价款的清偿顺序。

2.【2012年真题】某施工企业拥有一处办公楼，评估价为5000万元。该施工企业从A银行贷款3000万元、从B银行贷款2000万元，并与B银行办理了抵押登记。后该施工企业无力还款，经诉讼后拍卖办公楼，取得售楼款3000万元用于清偿A、B银行债务。A、B银行债权的分配数额应为（　　）。

A.A银行1000万元，B银行2000万元

B.A银行1800万元，B银行1200万元

C.A、B银行各1500万元

D.A银行2000万元，B银行1000万元

【答案】A。

【还会这样考】

关于抵押实现的说法，正确的是（　　）。

A.抵押物折价后，其价款超过债权数额的部分归债务人所有，不足部分由债务人清偿

B.债务履行期届满抵押权人未受清偿的，可以与抵押人协议以拍卖该抵押物所得价款受偿

C.同一财产向两个以上债权人抵押，抵押权均未登记的，先保全的先清偿

D.同一财产向两个以上债权人抵押的，均按比例清偿

【答案】B。

三、担保方式——质押

【考生必掌握】

（1）质押是指债务人或者第三人将其动产或权利移交债权人占有，用以担保债权履行的担保。

【想对考生说】

通过质押的概念可以看出，质押以转移占有为特征，这也是其不同于抵押之处。

（2）质押可分为动产质押和权利质押，具体范围见表1-5。

质押物的范围 表1-5

分类	范围
动产质押	没有限制
权利质押	（1）汇票、支票、本票。 （2）债券、存款单。 （3）仓单、提单。 （4）可以转让的基金份额、股权。 （5）可以转让的注册商标专用权、专利权、著作权等知识产权中的财产权。 （6）应收账款。 （7）法律、行政法规规定可以出质的其他财产权利

【历年这样考】

1.【2018年真题】关于质押担保方式的说法，正确的有（　　）。

A.质押中的质物需转移占有　　　　B.专利权可以质押

C.股权不可质押　　　　D.建设用地使用权不可质押

E.土地所有权可以质押

【答案】ABD。

【想对考生说】

2011年、2014年的考试中也同样对质押担保方式进行了考查。

2.【2014 年真题】关于质押的说法，正确的有（　　）。

A. 出质人只能是债务人　　　　　　　B. 存款单可以用于质押

C. 质押必须转移财产占有　　　　　　D. 质押必须通过约定建立

E. 建筑物可以用于质押

【答案】BCD。

> **【想对考生说】**
>
> 关于质押的概念要能区别于抵押。
>
> 可以质押的权利范围除了采用多项选择题的形式考查，还可以采用单项选择题的形式考查，题目可能会这样设置："根据《民法典》，不能 / 能作为质押担保的是（　　）。"

【还会这样考】

某企业以依法可以转让的股份作为担保向某银行贷款，确保按期还贷。此担保方式属于（　　）担保。

A. 保证　　　　　　　　　　　　　　B. 质押

C. 抵押　　　　　　　　　　　　　　D. 留置

【答案】B。

四、担保方式——定金

【考生必掌握】

> **【想对考生说】**
>
> 关于定金通常会从定金数额、合同形式、合同生效时间等方面进行考查。

定金的相关内容，见表 1-6。

定金 表 1-6

项目	内容
定金数额	≤主合同标的额 ×20%
定金合同形式	书面形式
定金合同的生效	从实际交付定金之日生效
定金罚则	（1）给付定金的一方不履行约定债务：无权要求返还定金。 （2）收受定金的一方不履行约定债务：应双倍返还定金

【历年这样考】

1.【2020 年真题】定金的数额可由合同当事人约定，不得超过主合同标的额的（　　）。

A. 20%   B. 30%

C. 40%   D. 50%

【答案】A。

2.【2019年真题】设计合同中定金条款约定发包人向设计人支付设计费的20%作为定金，则该定金自（ ）之日起生效。

A. 合同签字盖章   B. 实际交付

C. 发包人完成设计任务书审批   D. 设计人收到发包人设计基础资料

【答案】B。

【还会这样考】

1. 甲乙双方签订总价为100万元的合同，并设定定金条款，则定金的最高限额应为（ ）万元。

A. 10   B. 30

C. 50   D. 20

【答案】D。

2. 关于定金的说法，正确的是（ ）。

A. 债务人履行债务后，定金不可抵作价款

B. 定金合同从约定之日起生效

C. 定金超过合同金额的20%，则定金无效

D. 定金的法律性质是担保

【答案】D。

五、保证在建设工程中的应用

【考生必掌握】

【想对考生说】

保证在建设工程中的应用主要表现在：投标保证金、施工合同的履约保证以及施工预付款担保三种情形。为了便于考生理解，表1-7对这三种保证形式的共性做了横向比较。

保证在建设工程中的应用，见表1-7。

保证在建设工程中的应用   表 1-7

序号	项目	施工投标保证——投标保证金	施工合同的履约保证——履约担保金（履约保证金）、履约银行保函、履约担保书	施工预付款担保
1	作用	保证投标人在递交投标文件后不撤销投标文件，中标后无正当理由不与招标人订立合同	保证施工合同的顺利履行，防止承包人在合同执行过程中违反合同规定或违约，并弥补给发包人造成的经济损失	保证承包人能够按合同规定进行施工，偿还发包人已支付的全部预付金额

续表

序号	项目	施工投标保证——投标保证金	施工合同的履约保证——履约担保金（履约保证金）、履约银行保函、履约担保书	施工预付款担保
2	具体形式	现金、银行保函、保兑支票、银行汇票、现金支票	（1）履约担保金：保兑支票、银行汇票或现金支票。 （2）履约银行保函：中标人从银行开具的保函。 （3）履约担保书：保险公司、信托公司、证券公司、实体公司或社会上担保公司出具担保书	银行保函
3	数额要求	不超过招标项目估算价的2%	（1）履约担保金：合同价格的10%。 （2）履约银行保函：合同价格的10%。 （3）履约担保书：合同价格的30%	与预付款金额相同
4	有效期	与投标有效期一致：从提交投标文件的截止之日起算；截止时间根据招标项目的情况由招标文件规定	从提交履约保证起，到保修期满并颁发保修责任终止证书后15天或14天止	从预付款支付之日起至发包人向承包人全部收回预付款之日止
5	不予退还的情形	（1）投标人在投标函格式中规定的投标有效期内撤销其投标。 （2）中标人在规定期限内无正当理由未能根据规定签订合同，或根据规定接受对错误的修正。 （3）中标人根据规定未能提交履约保证金。 （4）投标人采用不正当的手段骗取中标	（1）施工过程中，承包人中途毁约，或任意中断工程，或不按规定施工。 （2）承包人破产，倒闭	承包人中途毁约、中止工程，使发包人不能在规定期限内从应付工程款中扣除全部预付款

【历年这样考】

1.【2023年真题】根据《标准施工招标文件》，工程预付款担保是对承包人正确和合理使用发包人支付的预付款的担保，预付款担保的主要形式是（　　）。

A.保证书
B.银行汇票
C.保留金
D.银行保函

【答案】D。

2.【2022年真题】根据《招标投标法实施条例》，要求投标人提交投标保证金的，投标保证金数额不得超过招标项目估算价的（　　）。

A.2%
B.3%
C.5%
D.10%

【答案】A。

【想对考生说】

本题是对投标保证金比例的直接考查，与2017年的考核形式完全相同，在考试时也可能会以具体数值代入，让考生计算，例如："【2015年真题】某工程施工招标，合同估算价为 3000 万元，招标人要求提交的投标保证金额度应不少于（　　）万元。"

3.【2022 年真题】关于施工预付款保函的说法，正确的是（　　）。

A.预付款保函应由招标人委托第三方开具

B.预付款保函应在签订施工合同前出具

C.预付款保函金额应与预付款金额相同

D.预付款保函应在整个施工期内有效

【答案】C。

4.【2021 年真题】建设工程招标投标过程中,投标保证金将被没收的情形是（　　）。

A.投标人的投标报价明显低于其实际成本

B.投标人的资格文件中有虚假材料并导致废标

C.投标人在投标有效期内要求撤销其投标文件

D.投标人向招标人提出修改招标文件的要求

【答案】C。

【想对考生说】

2021 年是对投标保证金没收情形的考查，在 2010 年、2014 年和 2019 年、2020 年的考试中也曾对这一考点进行了考查，考查形式基本相同。

5.【2017 年真题】根据《招标投标法实施条例》，建设工程项目招标文件中，若要求中标人提供履约保证金的，其额度不应超过合同价格的（　　）。

A.5%   B.10%

C.20%   D.30%

【答案】B。

6.【2017 年真题】根据《招标投标法实施条例》，建设工程项目招标结束后，招标人退还投标保证金时间限定在（　　）。

A.与中标人签订书面合同后的 15 日内

B.与中标人签订书面合同后的 5 日内

C.招标投标结束后的 30 日内

D.招标投标结束后的 15 日内

【答案】B。

【想对考生说】

本题是对投标保证金退还期限的直接考查。除了这一出题形式外还可能会以具体事例代入，考查对这一考点的实际运用能力，例如："【2016 年真题】某施工招标项目投标截止日为 4 月 30 日，评标时间为 5 个工作日，招标人发出中标通知书的时间为 5 月 15 日，招标人与中标人签订的合同时间为 6 月 14 日，则该项目施工投标保证的有效期截止时间为（　　）。"

7.【2016 年真题】项目实施过程中发生下列情况时，发包人可以凭施工履约保证索取保证金的有（　　）。

　　A. 中标人在签订合同时向招标人提出附加条件

　　B. 承包人在施工过程中毁约

　　C. 发生不可抗力导致合同无法履行

　　D. 承包人破产、倒闭使合同不能履行

　　E. 因宏观经济形势变化，发包人要求推迟完工时间

【答案】BD。

【想对考生说】

　　保证在建设工程中的具体应用形式在历年考试中考查的频次很高，考查点主要集中在施工投标保证、施工合同履约保证上，考点扎堆情况比较明显，鉴于这种情况考生可借助历年真题着重复习真题曾涉及的知识点，特别是反复考查过的知识点，因为再次对其考查的可能性还是很大的。

【还会这样考】

　　1. 履约担保书是由保险公司、信托公司、证券公司、实体公司或社会上担保公司出具担保书，担保额度应是合同价格的（　　）。

　　A. 2%　　　　　　　　　　　　　　B. 10%

　　C. 20%　　　　　　　　　　　　　D. 30%

【答案】D。

　　2. 关于投标保证金的说法，正确的有（　　）。

　　A. 投标保证金有效期从提交投标文件之日起算

　　B. 投标保证金不得超过招标项目估算价的 2%

　　C. 投标保证金有效期应当与投标有效期一致

　　D. 招标人应当在中标通知书发出后 5 日内退还中标人的投标保证金

　　E. 未中标的投标人的投标保证金及利息，招标人应当在签约 5 日内退还

【答案】BCE。

第四节　工程保险

一、保险与保险合同

【考生必掌握】

> **【想对考生说】**
> 这一内容在历年考试中从未进行过考查，但是并不能排除今后考查的可能性，对于下面这些要点，考生还是要掌握的。

（1）保险是受法律保护的<u>分散危险</u>、<u>消化损失</u>的法律制度。

（2）保险合同是<u>投保人与保险人</u>约定保险权利义务关系的协议。

> **【想对考生说】**
> 从上面这句话可以看出保险合同的订立主体是投保人与保险人，如果对这一考点进行考查的话，题目可能会这样设置："保险合同的订立主体是（　　）。"

（3）<u>投保人</u>可以为保险合同的被保险人。

（4）<u>投保人、被保险人</u>可以为保险合同的受益人。

（5）保险合同可分为<u>财产保险合同与人身保险合同</u>，两者的区别见表1-8。

保险合同　　　　　　　　　　　　　　　　　　　　　表1-8

项目	财产保险合同	人身保险合同
保险标的	财产及其有关利益	人的寿命和身体
转让性	可以转让	不得转让

注意：<u>建筑工程一切险和安装工程一切险均属于财产保险合同</u>

【还会这样考】

1.关于人身保险合同的说法，正确的是（　　）。

A. 人身保险合同只能由被保险人与保险人订立

B. 被保险人不能是受益人

C. 受益人可以由被保险人指定

D. 投保人不能是被保险人

【答案】C。

2.在财产保险合同有效期内，保险标的危险程度显著增加的，被保险人应当按照合同约定及时通知保险人，保险人（ ）。

    A. 不能增加保险费，可以解除保险合同

    B. 不能解除保险合同，可以增加保险费

    C. 可以增加保险费，也可以解除保险合同

    D. 不能增加保险费，也不能解除保险合同

【答案】C。

二、工程建设涉及的主要险种

【想对考生说】

专门针对工程的保险只有建筑工程一切险（及第三者责任险）和安装工程一切险（及第三者责任险），因此下面只讲述建筑工程一切险和安装工程一切险的相关内容。

采分点1　建筑工程一切险及安装工程一切险的责任范围、除外责任及保险期限

扫码学习

【考生必掌握】

【想对考生说】

从历年考试的情况来看，对建筑工程一切险的考查频次要远远高于安装工程一切险。从考查内容上来看主要集中在除外责任及保险期限上。

建筑工程一切险及安装工程一切险的责任范围、除外责任及保险期限，详见表1-9。

建筑工程一切险及安装工程一切险的责任范围、除外责任及保险期限　　表1-9

项目	建筑工程一切险	安装工程一切险
责任范围	（1）自然灾害，指地震、海啸、雷电、飓风、台风、龙卷风、风暴、暴雨、洪水、水灾、冻灾、冰雹、地崩、山崩、雪崩、火山爆发、地面下陷下沉及其他人力不可抗拒的破坏力强大的自然现象。 （2）意外事故，包括火灾和爆炸	

续表

项目	建筑工程一切险	安装工程一切险
除外责任	（1）设计错误引起的损失和费用；（2）自然磨损、内在或潜在缺陷、物质本身变化、自燃、自热、氧化、锈蚀、渗漏、鼠咬、虫蛀、大气（气候或气温）变化、正常水位变化或其他渐变原因造成的保险财产自身的损失和费用；（3）因原材料缺陷或工艺不善引起的保险财产本身的损失以及为换置、修理或矫正这些缺点错误所支付的费用；（4）非外力引起的机械或电气装置的本身损失，或施工用机具、设备、机械装置失灵造成的本身损失；（5）维修保养或正常检修的费用；（6）档案、文件、账簿、票据、现金、各种有价证券、图表资料及包装物料的损失；（7）盘点时发现的短缺；（8）领有公共运输行驶执照的，或已由其他保险予以保障的车辆、船舶和飞机的损失；（9）除非另有约定，在保险工程开始以前已经存在或形成的位于工地范围内或其周围的属于被保险人的财产的损失；（10）除非另有约定，在本保险单保险期限终止以前，保险财产中已由工程所有人签发完工验收证书或验收合格或实际占有或使用或接受的部分	除建筑工程一切险第（2）、（5）、（6）、（7）、（8）、（9）、（10）项以外还包括：（1）因设计错误、铸造或原材料缺陷或工艺不善引起的保险财产本身的损失以及为换置、修理或矫正这些缺点错误所支付的费用；（2）由于超负荷、超电压、碰线、电弧、漏电、短路、大气放电及其他电气原因造成电气设备或电气用具本身的损失；（3）施工用机具、设备、机械装置失灵造成的本身损失
保险期限	自保险工程在工地动工或用于保险工程的材料、设备运抵工地之时起始，至工程所有人对部分或全部工程签发完工验收证书或验收合格，或工程所有人实际占用或使用或接受该部分或全部工程之时终止，以先发生者为准。但在任何情况下，保险人承担损害赔偿义务的期限不超过保险单明细表中列明的建筑期保险终止日	通常应以整个工期为保险期限。一般从被保险项目被卸至施工地点时起生效到工程预计竣工验收交付使用之日止；如验收完毕先于保险单列明的终止日，则验收完毕时保险期也终止

【历年这样考】

1.【2023年真题】对于投保建筑工程一切险的工程，保险人应负责赔偿的损失是（   ）。

A.因设计错误引起的工程损失

B.因原材料缺陷造成的工程损失

C.因地面下陷下沉造成的工程损失

D.非外力原因引起的机械装置损坏

【答案】C。

2.【2022年真题】某工程投保建筑工程一切险，保险人负责赔偿损失的有（   ）。

A.设备锈蚀造成的损失　　　　　　　B.盘点时发现的材料短缺

C.水灾造成的损失　　　　　　　　　D.原材料缺陷造成的损失

E.雷电造成的损失

【答案】CE。

【想对考生说】

本考点为历年必考点，在建筑工程一切险中，保险人负责赔偿的范围与除外责任通常互为干扰选项进行同步考核，且重复考核概率极高，要重点掌握。

另外一点需要注意的是：建筑工程一切险及安装工程一切险的保险责任范围是相同的。

3.【2021年真题】安装工程一切险通常应以（　　）为保险期限。

A. 整个工期　　　　　　　　　　　　B. 设备生产至安装完成期间

C. 工程全寿命期　　　　　　　　　　D. 施工安装合同有限期

【答案】A。

4.【2020年真题】某工程投保安装工程一切险，保险人负责赔偿的损失有（　　）。

A. 超负荷原因造成的设备损失　　　　B. 地面下陷造成的损失

C. 维修保养的费用支出　　　　　　　D. 机械装置失灵造成的本身损失

E. 水灾造成的设备损失

【答案】BE。

【想对考生说】

　　关于安装工程一切险的责任范围于2019年以单项选择题的形式进行了连续性的考核。

5.【2018年真题】在任何情况下，建筑工程一切险保险人承担损害赔偿义务的期限不超过（　　）。

A. 保险单列明的建筑期保险终止日

B. 工程所有人对全部工程验收合格之日

C. 工程所有人实际占用全部工程之日

D. 工程所有人使用全部工程之日

【答案】A。

【想对考生说】

　　本题是对建筑工程一切险保险期限的考查，在2010年、2011年、2012年的考试中也都对这一考点进行了考查，该内容属于历年考试的高频考点，一定要掌握。

【还会这样考】

　　1. 某建设单位与某施工企业签订了施工合同，约定开工日期为2022年5月10日，并于5月15日与保险公司签订了建筑工程一切险保险合同。同年7月20日施工企业将建筑材料运至工地。实际开工日期为同年8月10日。该建筑工程一切险保险责任的起始日期为（　　）。

A. 2022年5月10日　　　　　　　　　B. 2022年5月15日

C. 2022年7月20日　　　　　　　　　D. 2022年8月10日

【答案】C。

　　2. 投保人参保建筑工程一切险的建筑工程项目，保险人须负责赔偿因（　　）造成的损失和费用。

A. 设计错误　　　　　　　　　　B. 原材料缺陷

C. 不可预料的意外事故　　　　　D. 工艺不完善

【答案】C。

采分点2　建筑工程一切险加保第三者责任险

【考生必掌握】

建筑工程一切险往往还加保第三者责任险，对于第三者责任险考生需要明确其保险责任范围，知晓保险人对下列原因造成的损失和费用，负责赔偿：

（1）在保险期限内，因发生与所保工程直接相关的意外事故引起工地内及邻近区域的第三者人身伤亡、疾病或财产损失；

（2）被保险人因上述原因而支付的诉讼费用以及事先经保险人书面同意而支付的其他费用。

【历年这样考】

1.【2017年真题】建设工程施工过程中发生化学品泄漏，造成工程外部邻近人员中毒住院，其医疗费用应由保险公司支付的前提是该工程投保了建筑工程（　　）。

A. 一切险　　　　　　　　　　　B. 一切险加第三者责任险

C. 一切险加人身保险　　　　　　D. 一切险加人身意外伤害险

【答案】B。

2.【2013年真题】建筑工程一切险加保了第三者责任险，下列事件中保险公司应承担赔偿责任的有（　　）。

A. 工地内第三者对工程造成的损害

B. 与工程直接相关的意外事故引起工地内第三者伤亡

C. 与工程直接相关的意外事故引起工地邻近区域的第三者人身伤亡

D. 工地外第三者对工程造成的损害

E. 承包商基础土方开挖破坏了图纸上未标明的市政供水管道造成的损害

【答案】BC。

【想对考生说】

本考点较为简单，相信考生看过上面的真题后已经能够理解了，下面就不再为考生准备习题了。

采分点3　建筑施工人员团体意外伤害险

【考试必掌握】

这部分内容采用表格的形式会更直观，也更容易被考生理解，详见表1-10。

建筑施工人员团体意外伤害险　　　　　　表 1-10

项目	内容
投保人	施工企业或对被保险人具有保险利益的团体
被保险人	年满 16 周岁至 65 周岁、能够正常工作或劳动的、从事建筑管理或作业、并与施工企业建立劳动关系的人员
投保人数要求	按被保险人人数投保时，其投保人数必须占约定承保团体人员的 75% 以上，且投保人数不低于 5 人
责任种类	包括身故保险责任和伤残保险责任
责任免除	因下列原因造成被保险人身故、残疾的，保险人不承担给付保险金责任：投保人的故意行为；被保险人自致伤害或自杀，但被保险人自杀时为无民事行为能力人的除外；因被保险人挑衅或故意行为而导致的打斗、被袭击或被谋杀；被保险人妊娠、流产、分娩、疾病、药物过敏；被保险人接受整容手术及其他内、外科手术导致的医疗事故；被保险人未遵医嘱，私自服用、涂用、注射药物；被保险人因遭受意外伤害以外的原因失踪而被法院宣告死亡者；任何生物、化学、原子能武器，原子能或核能装置所造成的爆炸、灼伤、污染或辐射；恐怖袭击。 被保险人在下列期间遭受意外伤害导致身故、残疾的，保险人也不承担给付保险金责任：战争、军事行动、暴动或武装叛乱等其他类似情况期间；被保险人从事非法、犯罪活动期间；被保险人醉酒或受毒品、管制药物的影响期间；被保险人酒后驾驶、无有效驾驶证驾驶或驾驶无有效行驶证的机动车或无有效资质操作施工设备期间
保险期间	1 年或根据施工项目期限的长短确定。工程停工期间，保险责任中止，保险人不承担保险责任

【历年这样考】

【2020 年真题】关于施工企业意外伤害险的说法正确的是（　　）。

A. 施工企业必须为全体职工办理意外伤害险

B. 团体意外伤害保险责任是指伤残保险责任

C. 年龄 18 ~ 60 周岁的施工人员均可作为被保险人

D. 工程停工期间保险人不承担保险责任

【答案】D。

【还会这样考】

下列关于建筑施工人员团体意外伤害险的说法中，正确的是（　　）。

A. 工程停工期间，保险人仍应承担保险责任

B. 按被保险人人数投保时，其投保人数必须占约定承保团体人员的 80% 以上

C. 因投保人的故意行为造成被保险人身故、残疾的，保险人不承担给付保险金责任

D. 建筑施工人员团体意外伤害险的保险期间不得超过 1 年

【答案】C。

第一节　工程勘察设计招标特征及方式

一、工程勘察设计招标的特征

【考生必掌握】

工程勘察设计招标的特征，如图 2-1 所示。

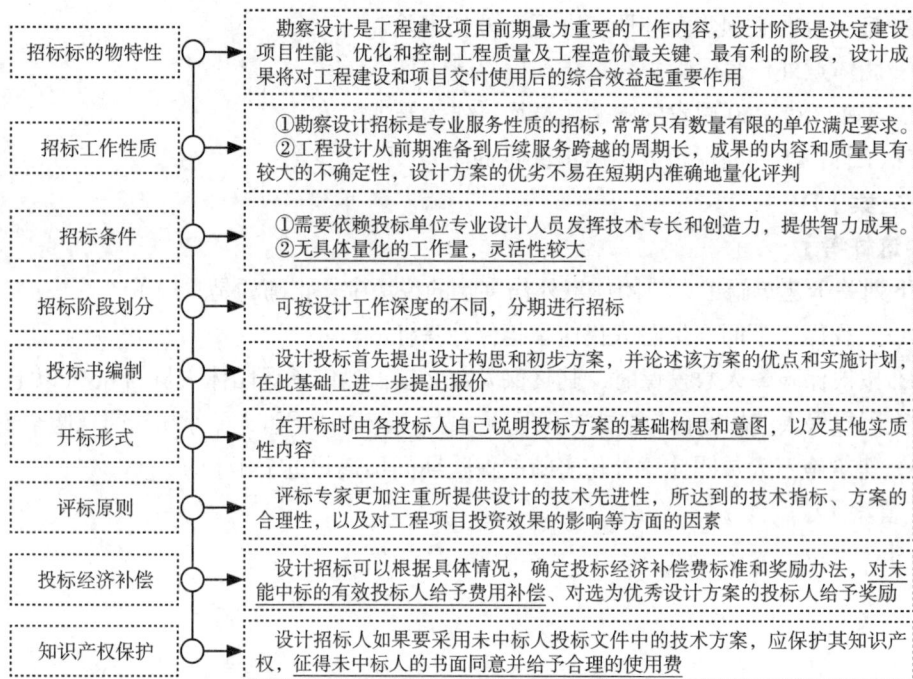

招标标的物特性	勘察设计是工程建设项目前期最为重要的工作内容，设计阶段是决定建设项目性能、优化和控制工程质量及工程造价最关键、最有利的阶段，设计成果将对工程建设和项目交付使用后的综合效益起重要作用
招标工作性质	①勘察设计招标是专业服务性质的招标，常常只有数量有限的单位满足要求。②工程设计从前期准备到后续服务跨越的周期长，成果的内容和质量具有较大的不确定性，设计方案的优劣不易在短期内准确地量化评判
招标条件	①需要依赖投标单位专业设计人员发挥技术专长和创造力，提供智力成果。②无具体量化的工作量，灵活性较大
招标阶段划分	可按设计工作深度的不同，分期进行招标
投标书编制	设计投标书首先提出设计构思和初步方案，并论述该方案的优点和实施计划，在此基础上进一步提出报价
开标形式	在开标时由各投标人自己说明投标方案的基础构思和意图，以及其他实质性内容
评标原则	评标专家更加注重所提供设计的技术先进性，所达到的技术指标、方案的合理性，以及对工程项目投资效果的影响等方面的因素
投标经济补偿	设计招标可以根据具体情况，确定投标经济补偿费标准和奖励办法，对未能中标的有效投标人给予费用补偿、对选为优秀设计方案的投标人给予奖励
知识产权保护	设计招标人如果要采用未中标人投标文件中的技术方案，应保护其知识产权，征得未中标人的书面同意并给予合理的使用费

图 2-1　工程勘察设计招标的特征

【历年这样考】

1.【2023 年真题】工程设计投标时，投标书中首先提出的内容是（　　）。

A. 设计构思和初步方案　　　　　　　　　B. 设计报价和进度安排

C. 设计概算和初步构思　　　　　　　　D. 设计方案和设计概算

【答案】A。

2.【2022年真题】工程设计招标与施工招标相比，主要特征有（　　）。

A. 设计工作无具体量化的工作量，灵活性较大

B. 设计方案对工程项目投资更具全局性影响

C. 招标人可以给予未中标的有效投标人费用补偿

D. 招标工作量大、要求评标专家人数多

E. 可允许投标人提供备选投标方案

【答案】ABC。

3.【2014年真题】工程设计招标采用的开标形式是（　　）。

A. 由招标单位直接宣读各投标人报价

B. 由招标单位宣布按报价高低排定的次序

C. 由投标单位说明投标方案的基本构想并提出报价

D. 由投标单位报价后，招标人按报价高低排出次序

【答案】C。

【还会这样考】

下列关于设计招标程序的说法，错误的是（　　）。

A. 设计招标的内容无具体的工作量

B. 设计招标不应要求项目应当达到的技术指标

C. 设置评标因素时不应当过分追求投标价的高低

D. 可以根据具体情况，确定投标经济补偿费标准和奖励办法

【答案】B。

二、工程勘察设计招标方式

采分点1　工程勘察设计招标方式
【考生必掌握】

【想对考生说】

按照不同的分类形式，工程勘察设计招标可分为：公开招标和邀请招标；一次性招标和分阶段招标；设计方案招标和设计团队招标；传统招标和电子招标，下面只对前两类进行讲解。

1. 公开招标和邀请招标

建设工程勘察、设计发包依法实行招标发包或直接发包，多以公开招标或邀请招标方式择优确定承担单位。公开招标和邀请招标的相关知识，见表2-1。

公开招标和邀请招标   表2-1

方式		内容
公开招标	优点	能体现出公开、公平、公正的招标原则，有利于实现充分竞争
	缺点	招标人事先难以预计有哪些投标人、投标人的数量有多少；招标人可能不熟悉某些投标人的情况；招标人所期待的投标人可能并未参加投标等
邀请招标	概念	邀请招标是招标人以投标邀请书的方式，邀请3个以上具有相应资质、具备承担招标项目勘察设计能力的、资信良好的特定法人或组织投标
	优点	招标人对所有发出投标邀请书的投标单位的信用和能力均予信任；投标人及投标人的数量事先可以确定；缩短了招标投标周期；评标工作量小
	缺点	由于邀请参加投标的单位数量有限，一些符合条件的潜在竞争者可能未能在邀请之列，而漏掉更具优势的单位；不能充分体现公开竞争、机会均等的原则
	适用	国有资金占控股或者主导地位的依法必须进行招标的项目，应当公开招标；但有下列情形之一的，可以邀请招标： （1）技术复杂、有特殊要求或者受自然环境限制，只有少量潜在投标人可供选择； （2）采用公开招标方式的费用占项目合同金额的比例过大

【考生这样记】

邀请招标适用情形的助记口诀：

（1）特技复杂产量少；（2）公费比例过大。

2. 一次性招标和分阶段招标

（1）招标人可以依据工程建设项目的不同特点，实行勘察设计一次性总体招标；也可以在保证项目完整性、连续性的前提下，按照技术要求实行分段或分项招标。

（2）招标人还可以对项目的勘察、设计、施工以及与工程建设有关的重要设备、材料的采购，实行EPC总承包招标，或设计—施工总承包招标等不同形式。

【历年这样考】

1.【2022年真题】公开招标与邀请招标相比，主要特点有（   ）。

A. 有利于公平竞争   B. 有利于缩短招标时间

C. 资格预审工作量大   D. 以招标公告形式告知潜在投标人

E. 有利于节省招标费用

【答案】ACD。

2.【2020年真题】与公开招标相比，邀请招标的特点有（   ）。

A. 以投标邀请书的形式邀请投标人   B. 邀请投标人的数量须在5家以上

C. 招标人对潜在投标人能力较为了解   D. 适合于投标资质要求高的重大工程

E. 招标投标周期缩短且评标工作量小

【答案】ACE。

3.【2019年真题】根据《招标投标法实施条例》，对于属于依法必须公开招标范围内的项目，可以采取邀请招标的情形有（   ）。

A. 工期较长的

B. 技术复杂，只有少量潜在投标人可供选择的

C. 采用公开招标方式的费用占项目合同金额的比例较大的

D. 需要采用两阶段招标的

E. 实施工程总承包的

【答案】BC。

【还会这样考】

招标人以招标公告的方式邀请不特定的法人或者组织来投标，这种招标方式称为（　　）。

A. 公开招标　　　　　　　　　　B. 邀请招标

C. 议标　　　　　　　　　　　　D. 定向招标

【答案】A。

采分点2　可以不进行招标的情形

【考生必掌握】

《工程建设项目勘察设计招标投标办法》，按照国家规定需要履行项目审批、核准手续的依法必须进行招标的项目，有下列情形之一的，经项目审批、核准部门审批、核准，项目的勘察设计可以不进行招标：

（1）涉及国家安全、国家秘密、抢险救灾或者属于利用扶贫资金实行以工代赈、需要使用农民工等特殊情况，不适宜进行招标；

（2）主要工艺、技术采用不可替代的专利或者专有技术，或者其建筑艺术造型有特殊要求；

（3）采购人依法能够自行勘察、设计；

（4）已通过招标方式选定的特许经营项目投资人依法能够自行勘察、设计；

（5）技术复杂或专业性强，能够满足条件的勘察设计单位少于3家，不能形成有效竞争；

（6）已建成项目需要改、扩建或者技术改造，由其他单位进行设计影响项目功能配套性；

（7）国家规定其他特殊情形。

【历年这样考】

【2020年真题】根据《工程建设项目勘察设计招标投标办法》，工程勘察设计可以不进行招标的情形有（　　）。

A. 建设单位依法能够自行勘察设计

B. 能满足技术条件的勘察设计单位少于3家

C. 抢险救灾情况紧急不适宜进行招标

D. 项目投资大、工期长，能胜任的勘察设计单位较少

E. 建设单位已有长期合作的勘察设计单位

【答案】ABC。

【想对考生说】

该采分点主要在于区分采用邀请招标的情形和可以不进行招标项目的情形，通常会将二者互为干扰选项进行考核。考生结合真题进行复习准备，这里就不再预测考试题型了。

第二节　工程勘察设计招标主要工作内容

一、工程勘察设计招标概述

【考生必掌握】

1.工程勘察设计招标的主要环节

工程勘察设计招标的主要环节：在具备勘察设计招标条件后发布招标公告或发出投标邀请书→投标单位资格预审→编制和发售招标文件→组织踏勘现场。

2.工程勘察设计招标应具备的条件

依法必须进行勘察设计招标的工程建设项目，在招标时应当具备下列条件：

（1）招标人已经依法成立。

（2）按照国家有关规定需要履行项目审批、核准或备案手续的，已经审批、核准或备案。

（3）勘察设计有相应资金或者资金来源已经落实。

（4）所必需的勘察设计基础资料已经收集完成。

（5）法律法规规定的其他条件。

【历年这样考】

【2021年真题】依法必须进行勘察设计招标的项目，在招标时应具备的条件有（　　）。

　　A.招标人已经依法成立

　　B.已确定勘察设计单位初选名单

　　C.勘察设计资金来源已经落实

　　D.必需的勘察设计基础资料已收集完成

　　E.已组织投标申请人踏勘现场

【答案】ACD。

【还会这样考】

根据现行规定，依法必须进行勘察设计招标的工程建设项目，在招标时应当具备的条件有（　　）。

　　A.所必需的勘察设计基础资料已经收集完成

　　B.勘察设计有相应资金或者资金来源已经落实

　　C.招标人已经依法成立

　　D.有保证工程质量和安全的具体措施

　　E.按照国家有关规定需要履行项目审批、核准或备案手续的，已经审批、核准或备案

　　【答案】ABCE。

二、勘察设计投标人资格审查

【考生必掌握】

【想对考生说】

　　投标人资格审查是建设勘察设计招标工作的重要环节，包括对投标单位的资格审查、对投标单位参与项目人员勘察设计能力和经验的审查。下面将分别讲述相关知识。

　　1.招标文件对投标人的资格要求

　　在勘察设计招标文件中，应提出对投标人资质条件、能力和信誉的要求，具体需提供的资格审查资料如图2-2所示。

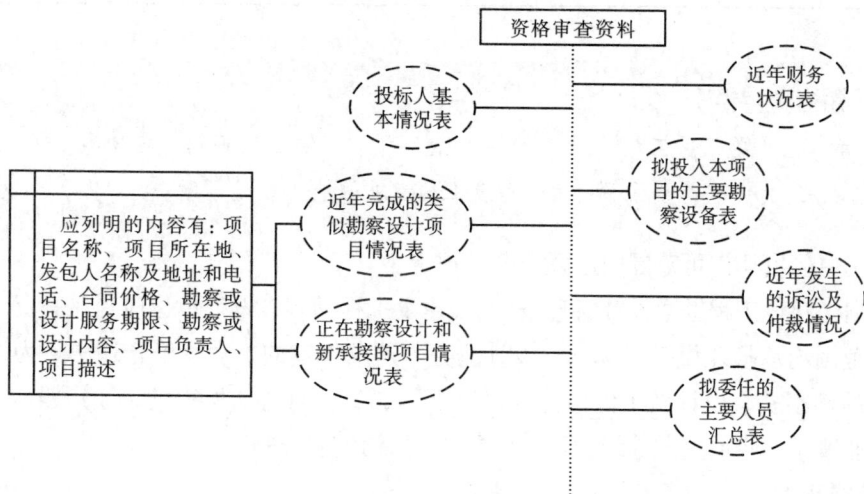

图2-2　需提供的资格审查资料

　　2.对投标单位的资格审查

　　（1）勘察单位资质类别，见表2-2。

勘察单位资质类别   表 2-2

分类	资质等级	可以承接的工程范围
工程勘察综合资质	只设甲级	可以承接各专业（海洋工程勘察除外）、各等级工程勘察业务
工程勘察专业资质	设甲级、乙级，根据工程性质和技术特点，部分专业可以设丙级	可以承接相应等级、相应专业的工程勘察业务
工程勘察劳务资质	不分等级	可以承接岩土工程治理、工程钻探、凿井等工程勘察劳务业务

（2）设计单位资质类别，见表 2-3。

工程设计资质   表 2-3

分类	资质等级	可以承接的工程范围
工程设计综合资质	只设甲级	各行业、各等级的建设工程设计业务
工程设计行业资质	设甲级、乙级，根据工程性质和技术特点，个别行业资质可以设丙级	相应行业、相应等级的工程设计业务及本行业范围内同级别的相应专业、专项（设计施工一体化资质除外）工程设计业务
工程设计专业资质		本专业相应等级的专业工程设计业务及同级别的相应专项工程设计业务（设计施工一体化资质除外）
工程设计专项资质		本专项相应等级的专项工程设计业务

【想对考生说】

考生一定要掌握工程设计资质的等级及可承接的工程范围，再次考查的可能性很大。还有一点需要了解的是：建筑工程专业资质可以设丁级。

（3）单位资质许可范围内承揽业务的规定。

根据《建设工程勘察设计管理条例》，建设工程勘察、设计单位应当在其资质等级许可的范围内承揽建设工程勘察、设计业务。违反规定的，责令停止违法行为，处合同约定的勘察费、设计费 1 倍以上 2 倍以下的罚款，有违法所得的，予以没收；可以责令停业整顿，降低资质等级；情节严重的，吊销资质证书。

【历年这样考】

1.【2023 年真题】根据《建设工程勘察设计管理条例》，工程设计单位超越资质等级许可范围承揽工程设计任务的，将处以合同约定的工程设计费（　　）的罚款。

A. 3 倍以上 5 倍以下　　　　　　　　　　　B. 2 倍以上 3 倍以下

C. 1 倍以上 3 倍以下　　　　　　　　　　　D. 1 倍以上 2 倍以下

【答案】D。

2.【2018 年真题】关于建设工程设计合同当事人的说法，正确的是（　　）。

A. 发包人只能是建设单位

B. 特殊情况下，承包人可以没有设计资质

C. 承包人的综合资质只设甲级

D. 承包人的行业资质只设甲级

【答案】C。

3.【2016 年真题】根据勘察设计管理的规定，不得承接某专业工程设计业务的是取得（　　）的企业。

A. 工程设计综合资质　　　　　　　　B. 本专业所属行业相应等级设计资质

C. 本专业所属行业更高等级设计资质　　D. 工程设计专项资质

【答案】D。

【还会这样考】

下列关于工程勘察劳务资质等级的说法中，正确的是（　　）。

A. 只设甲级　　　　　　　　　　　　B. 设甲级、乙级两级

C. 可以设丙级　　　　　　　　　　　D. 不分等级

【答案】D。

三、勘察设计招标文件的内容及要求

【考生必掌握】

1. 勘察设计招标文件的内容

勘察设计招标文件应当包括下列内容：

（1）招标公告或投标邀请书；

（2）投标人须知；

（3）评标办法；

（4）合同条款及格式；

（5）发包人要求；

（6）投标文件格式；

（7）投标人须知前附表规定的其他资料。

【想对考生说】

注意：对招标文件所做的澄清、修改，也构成招标文件的组成部分。

2. 发包人要求

"发包人要求"是招标文件中十分重要的内容，具体内容见表2-4。

发包人要求的内容 表 2-4

组成	应包括的内容
勘察或设计要求	项目概况；勘察或设计范围及内容；勘察或设计依据；勘察基础资料或设计项目使用功能的要求；勘察人员和设备要求或设计人员要求
适用规范标准	适用于项目的国家、行业、项目所在地规范、标准、规程名录
成果文件要求	成果文件的组成；成果文件的深度、格式、份数和载体要求；设计成果文件的展板、模型沙盘、动画要求；成果文件的其他要求
发包人财产清单	发包人提供的资料；发包人提供的设备设施；发包人财产使用要求及退还要求

【想对考生说】

发包人要求的内容除了上表中的四项外还包括：发包人提供的便利条件、勘察人或设计人需要自备的工作条件等。

【历年这样考】

1.【2023 年真题】根据《标准勘察招标文件》，"发包人要求"中的"成果文件要求"应列明的内容有（　　）。

A. 成果文件的组成   B. 成果文件的深度

C. 成果文件的使用   D. 成果文件的退还

E. 成果文件的载体

【答案】ABE。

2.【2022 年真题】根据《标准设计招标文件》，属于设计招标文件中"发包人要求"内容的是（　　）。

A. 设计文件审查要求   B. 适用规范标准

C. 设计工作计划   D. 设计方案说明

【答案】B。

3.【2021 年真题】根据《标准勘察招标文件》，属于勘察招标文件内容的是（　　）。

A. 勘察机构设置   B. 勘察工作难点分析

C. 发包人要求   D. 勘察工作具体措施

【答案】C。

【还会这样考】

在发包人要求的具体组成内容中，应列明发包人提供的资料、设施设备的是（　　）。

A. 勘察或设计要求   B. 成果文件要求

C. 发包人财产清单   D. 发包人提供的便利条件

【答案】C。

四、工程勘察设计服务及范围要求

【考生必掌握】

1. 工程勘察设计服务范围

（1）"勘察服务"包括：制订勘察纲要、进行测绘、勘探、取样和试验等，查明、分析和评估地质特征和工程条件，编制勘察报告和提供发包人委托的其他服务。

（2）"设计服务"包括：编制设计文件和设计概算、预算，提供技术交底、施工配合，参加竣工验收或发包人委托的其他服务。

2. 工程勘察设计范围要求

勘察和设计范围包括工程范围、阶段范围和工作范围，具体见表 2-5。

工程勘察设计范围要求   表 2-5

项目	工程范围	阶段范围	工作范围
工程勘察	指所勘察工程的建设内容	包括工程建设程序中的可行性研究勘察、初步勘察、详细勘察、施工勘察等阶段中的一个或多个阶段	包括工程测量、岩土工程勘察、岩土工程设计、提供技术交底、施工配合、参加试车（试运行）、竣工验收和发包人委托的其他服务中的一项或多项工作
工程设计	指所设计工程的建设内容	包括工程建设程序中的方案设计、初步设计、扩大初步（招标）设计、施工图设计等阶段中的一个或多个阶段	包括编制设计文件、编制设计概算、预算、提供技术交底、施工配合、参加试车（试运行）、编制竣工图、竣工验收和发包人委托的其他服务中的一项或多项工作

【历年这样考】

1.【2022 年真题】根据《标准勘察招标文件》，属于"勘察服务"内容的是（　　）。

A. 进行技术交底　　　　　　　　　　B. 提供施工配合

C. 评估工程条件　　　　　　　　　　D. 参加竣工验收

【答案】C。

2.【2021 年真题】根据《标准设计招标文件》中的通用合同条款，设计人应在工程施工期间提供的设计配合服务工作有（　　）。

A. 审查勘察作业安全措施计划　　　　B. 进行设计技术交底

C. 参与施工过程及工程竣工验收　　　D. 参与工程试运行

E. 配合施工单位编制施工方案

【答案】BCD。

【还会这样考】

工程勘察的工作范围包括（　　）中的一项或多项工作。

A. 工程测量　　　　　　　　　　　　B. 编制竣工图

C. 施工配合　　　　　　　　　　　　D. 竣工验收

E. 提供技术交底

【答案】ACDE。

五、对投标文件的要求

【考生必掌握】

1. 对投标文件的要求，见表2-6。

对投标文件的要求 表2-6

项目	内容
内容要求	（1）工程勘察、设计投标文件应包括如下内容： ①投标函及投标函附录。 ②法定代表人身份证明或授权委托书。 ③联合体协议书。 ④投标保证金。 ⑤勘察或设计费用清单（应包括的内容有：勘察设计费用分项名称；计算依据、过程及公式；金额；合计报价）。 ⑥资格审查资料。 ⑦勘察纲要或设计方案（应包括的内容有：勘察设计工程概况；勘察设计范围及内容；勘察设计依据及工作目标；勘察设计机构设置及岗位职责；勘察设计说明，勘察、设计方案；拟投入的勘察设计人员；勘察设备（适用于勘察投标）；勘察设计质量、进度、保密等保证措施；勘察设计安全保证措施；勘察设计工作重点和难点分析；对本工程勘察设计的合理化建议等）。 ⑧投标人须知前附表规定的其他资料。 （2）投标文件应当对招标文件有关勘察设计服务期限、发包人要求、招标范围、投标有效期等实质性内容作出响应
时间要求	除投标人须知前附表另有规定外，投标有效期为 <u>90</u> 日

2. 对勘察纲要或设计方案内容的要求

国家发展改革委等九部委印发的《标准勘察招标文件》和《标准设计招标文件》中规定，勘察纲要或设计方案应包括下列内容：

（1）勘察设计工程概况；

（2）勘察设计范围及内容；

（3）勘察设计依据及工作目标；

（4）勘察设计机构设置及岗位职责；

（5）勘察设计说明，勘察、设计方案；

（6）拟投入的勘察设计人员；

（7）勘察设备（适用于勘察投标）；

（8）勘察设计质量、进度、保密等保证措施；

（9）勘察设计安全保证措施；

（10）勘察设计工作重点和难点分析；

（11）对本工程勘察设计的合理化建议等。

投标报价应包括国家规定的<u>增值税税金</u>。

勘察投标文件中的拟投入本项目的主要勘察设备表应列明：设备名称、型号规格、单位、数量、制造年份等。

【历年这样考】

1.【2023年真题】工程设计投标时，投标人提交的设计费用清单中，投标报价应包括的内容是（　　）。

A. 招标文件中列明的暂定金额　　　　B. 国家规定的增值税税金

C. 招标文件需求列明的暂估价　　　　D. 国家规定的规费金额

【答案】B。

2.【2023年真题】工程勘察投标人拟投入项目的主要勘察设备表中列明的内容有（　　）。

A. 设备产地　　　　　　　　　　　　B. 设备名称

C. 制造年份　　　　　　　　　　　　D. 购买价格

E. 规格型号

【答案】BCE。

3.【2022年真题】根据《标准勘察招标文件》，属于"勘察纲要"内容的是（　　）。

A. 勘察安全保证措施　　　　　　　　B. 勘察成果文件

C. 勘察人资质文件　　　　　　　　　D. 勘察分包合同

【答案】A。

4.【2021年真题】根据《标准设计招标文件》，除投标人须知前附表另有规定外，投标有效期为（　　）日。

A. 30　　　　　　　　　　　　　　　B. 60

C. 90　　　　　　　　　　　　　　　D. 120

【答案】C。

【还会这样考】

工程勘察、设计投标文件应包括的内容有（　　）。

A. 投标函　　　　　　　　　　　　　B. 投标函附录

C. 投标保函　　　　　　　　　　　　D. 评标委员会书面要求澄清的问题

E. 投标人对评标委员会质疑的书面澄清

【答案】AB。

六、联合体和分包的规定

【考生必掌握】

联合体和分包的规定见表2-7。

联合体和分包的规定 表 2-7

项目	内容
联合体	联合体各方应按招标文件提供的格式签订联合体协议书，明确联合体牵头人和各方权利义务，并承诺就中标项目向招标人承担连带责任；由同一专业的单位组成的联合体，按照资质等级较低的单位确定资质等级；联合体各方不得再以自己的名义单独或参加其他联合体在本招标项目中投标，否则相关投标均无效
分包	除投标文件中规定的非主体、非关键性设计工作外，其他工作不得分包，中标人应当就分包项目向招标人负责，接受分包的人就分包项目承担连带责任

【历年这样考】

【2020 年真题】工程勘察设计招标时，联合体投标人资质等级的确定原则是（ ）。

A. 由多家单位组成的联合体，按资质等级较低的单位确定

B. 由多家单位组成的联合体，按资质等级较高的单位确定

C. 由同一专业的单位组成的联合体，按资质等级较低的单位确定

D. 由同一专业的单位组成的联合体，按资质等级较高的单位确定

【答案】C。

七、投标保证金的规定

【考生必掌握】

投标保证金的相关知识，见表 2-8。

投标保证金 表 2-8

项目	内容
提交时间	递交投标文件时
提交要求	联合体投标的，其投标保证金可以由牵头人递交
退还	（1）招标人最迟将在与中标人签订合同后 5 日内向未中标的投标人和中标人退还投标保证金。 （2）投标保证金以现金或者支票形式递交的，还应退还银行同期存款利息
不予退还情形	（1）投标人在投标有效期内撤销投标文件。 （2）中标人在收到中标通知书后，无正当理由不与招标人订立合同；在签订合同时向招标人提出附加条件，或者不按照招标文件要求提交履约保证金。 （3）发生投标人须知前附表规定的其他可以不予退还投标保证金的情形
数额	一般不超过勘察设计估算费用的 2%，最多不超过 10 万元人民币

【想对考生说】

注意上表中划线的数字，考生要牢记，考查的可能性很大。

【历年这样考】

1.【2018 年真题】某工程设计招标项目，项目估算价为 200 万元，则投标保证金额不得超过（ ）万元。

A. 2

B. 4

C. 10

D. 20

【答案】B。

2.【2018年真题】根据《招标投标法实施条例》，投标保证金不予退还的情形有（　）。

A. 投标人撤回已提交的投标文件

B. 投标人撤销已提交的投标文件

C. 投标人拒绝延长投标有效期

D. 中标人拒绝订立合同

E. 中标人拒绝提交履约保证金

【答案】BDE。

【想对考生说】

除了本题外，在2013年、2015年、2017年的考试中同样对投标保证金不予退还的情形进行了考查，且考查形式均为多项选择题。

【还会这样考】

关于投标保证金的说法，正确的是（　）。

A. 招标文件的主要内容中不包括投标保证金

B. 投标人不按要求提交投标保证金的，其投标文件按废标处理

C. 招标人应当在中标通知书发出后5日内退还中标人的投标保证金

D. 中标人不能要求先退回投标保证金，再提交履约保证金

【答案】B。

八、招标文件的澄清

【考生必掌握】

（1）澄清问题的提出：投标人按投标人须知前附表规定的时间和形式提出问题。

（2）对招标文件的澄清：招标人对招标文件的澄清应发给所有购买招标文件的投标人，但不指明澄清问题的来源，澄清发出的时间距投标截止时间不足15日的，并且澄清内容可能影响投标文件编制的，将相应延长投标截止时间。

（3）对招标文件异议的提出：投标人或其他利害关系人在投标截止时间10日前，以书面形式提出。

（4）对招标文件异议的答复：招标人在收到异议之日起3日内作出答复；作出答复前，将暂停招标投标活动。

【历年这样考】

【2018年真题】招标人修改招标文件的时间距投标截止时间不足（　）天，应相应延长投标截止时间。

A. 5

B. 10

C. 15   D. 20

【答案】C。

【想对考生说】

本题是对"15"这一个数字的考查，考生在学习过程中只要看到数字就要刻意记一下，因为这都是很容易考查的点。

在2016年的考试中也对数字"15"进行了考查，但并不是直接提问的，它的题目是这样设置的："某招标项目，招标人在原定投标截止之日前10天发出最后一份书面答疑文件，则此时投标截止时间至少延长（　　）天。"这道题的采分点很常规但考查形式却很新颖。

【还会这样考】

投标人或者其他利害关系人对招标文件有异议的，应当在投标截止时间（　　）日前，以书面形式提出。

A. 10   B. 15

C. 20   D. 30

【答案】A。

第三节　工程勘察设计开标和评标

一、工程勘察设计的开标

【考生必掌握】

工程勘察设计的开标，见表2-9。

工程勘察设计的开标　　　　　　　　　　　表2-9

项目	内容
开标时间	招标文件确定的提交投标文件截止时间的同一时间
主持人	由招标人主持并邀请所有投标人参加
开标过程	开标时应首先检查投标文件的密封情况，再按照规定的开标顺序当众开标，公布招标项目名称、投标人名称、投标保证金的递交情况、投标报价、项目负责人、勘察设计服务期限及其他内容
异议的提出	投标人对开标有异议的，应当在开标现场提出，招标人应当场作出答复，并制作记录

【还会这样考】

工程勘察设计招标的开标时间应在招标文件规定的（　　）公开进行。

A. 任意时间   B. 投标有效期内

C. 提交投标文件截止时间的同一时间 D. 提交投标文件截止时间之后 3 日内

【答案】C。

二、工程勘察设计的评标

采分点1 评标委员会的组成

【考生必掌握】

（1）评标委员会由招标人代表和有关专家组成。

（2）评标委员会人数为<u>5 人以上单数</u>，其中技术和经济方面的专家不得少于成员总数的 <u>2/3</u>。建筑工程设计方案评标时，建筑专业专家不得少于技术和经济方面专家总数的 2/3。

> 【想对考生说】
> 关于工程勘察设计的评标，应遵循公平、公正、科学和择优的原则。考生说将其简记为：平正优学。

【历年这样考】

【2020 年真题】关于工程勘察设计开标评标的说法，正确的是（ ）。

A. 投标人在开标现场对开标提出的异议，招标人有权不予答复

B. 评标委员会由招标人代表和有关专家组成，应为 5 人以上单数

C. 开标应在招标文件确定的提交投标文件截止时间后的 3 日内进行

D. 投标报价偏差率的计算方法应由评标委员会成员在评标时确定

【答案】B。

【还会这样考】

工程勘察设计评标由评标委员会负责，建筑工程设计方案评标时，建筑专业专家不得少于技术和经济方面专家总数的（ ）。

A. 1/3 B. 1/4

C. 1/2 D. 2/3

【答案】D。

采分点2 评标方法及阶段

【考生必掌握】

1. 评标方法

根据《建设工程勘察设计管理条例》，建设工程勘察设计评标，应当以投标人的业绩、信誉和勘察、设计人员的能力以及勘察、设计方案的优劣为依据综合评定，通常采用<u>综合评估法</u>。

2. 评标阶段

（1）初步评审

评标分为初步评审和详细评审两个阶段。在初步评审阶段，应进行<u>形式评审、资</u>

格评审和响应性评审。

（2）详细评审

在详细评审阶段，评标委员会按招标文件中规定的量化因素和分值进行打分，并计算出综合评估得分。从具体操作上，评标委员会对满足招标文件实质性要求的投标文件，应按照招标文件中规定的评分标准进行打分。如综合评分相等时，以投标报价低的优先；投标报价也相等的，以勘察纲要或设计方案得分高的优先；如果勘察纲要或设计方案得分也相等，则按照评标办法前附表的规定确定中标候选人顺序。

评标委员会成员对需要共同认定的事项存在争议的，应当按照少数服从多数的原则作出结论。

3.投标的否决

扫码学习

【历年这样考】

1.**【2022年真题】** 根据《标准勘察招标文件》，评标委员会成员对需要共同认定的事项存在争议的，评标结论应当（　　）作出。

　　A.征询招标人意见后　　　　　　　　　B.根据评标委员会负责人意见

　　C.由招标管理机构　　　　　　　　　　D.按照少数服从多数原则

【答案】 D。

2.**【2021年真题】** 根据《标准设计招标文件》，工程设计投标文件在初步评审阶段的评审内容是（　　）。

　　A.形式评审、设计方案评审、报价评审

　　B.形式评审、资格评审、响应性评审

　　C.资格评审、响应性评审、设计方案评审

　　D.资格评审、报价评审、设计方案评审

【答案】 B。

3.**【2021年真题】** 根据《标准设计招标文件》，工程设计评标中发现有两家投标单位的综合评分相等时，应将（　　）的优先排序。

　　A.设计方案得分高　　　　　　　　　　B.设计资质等级高

　　C.投标报价低　　　　　　　　　　　　D.项目负责人业绩优

【答案】 C。

4.【2021年真题】工程施工评标中，投标人竞标报价是否低于其成本，应当由（　）认定。

　A. 招标人　　　　　　　　　　　　　B. 评标委员会

　C. 招标投标监督机构　　　　　　　　D. 市场监督管理机构

【答案】B。

【还会这样考】

根据《建筑工程设计招标投标管理办法》，下列投标人投标的情形中，评标委员会应当否决的有（　）。

　A. 投标人主动提出了对投标文件的澄清、修改

　B. 联合体未提交共同投标协议

　C. 投标人有串通投标、弄虚作假、行贿等违法行为

　D. 投标文件未经投标人盖章和单位负责人签字

　E. 投标文件未对招标文件的实质性要求和条件作出响应

【答案】BCDE。

三、确定中标人及签订合同

【考生必掌握】

1. 中标人的确定

（1）国有资金占控股或者主导地位的依法必须招标的项目，招标人应当确定排名第一的中标候选人为中标人。排名第一的中标候选人放弃中标、因不可抗力提出不能履行合同，不按照招标文件要求提交履约保证金，或者被查实存在影响中标结果的违法行为等情形，不符合中标条件时，招标人可以按照评标委员会提出的中标候选人名单排序依次确定其他中标候选人为中标人。

（2）招标人对符合招标文件规定的未中标人的技术成果进行补偿的，招标人将按投标人须知前附表规定的标准给予经济补偿，未中标人在投标文件中声明放弃技术成果经济补偿费的除外。招标人将于中标通知书发出后 30 日内向未中标人支付技术成果经济补偿费。

（3）招标人应在收到评标委员会的评标报告之日起 3 日内，按照投标人须知前附表规定的公示媒介和期限公示中标候选人，公示期不得少于 3 日。

2. 与中标人签订合同

招标人和中标人应当在中标通知书发出之日起 30 日内，根据招标文件和中标人的投标文件订立书面合同。

3. 投诉

投标人或者其他利害关系人认为招标投标活动不符合法律、行政法规规定的，可以自知道或者应当知道之日起 10 日内向有关行政监督部门投诉。

【历年这样考】

1.【2023 年真题】根据《标准勘察招标文件》，招标人应按投标人须知前附表规定的媒介和期限公示中标候选人，公示期不得少于（　　）日。

A. 3 B. 5

C. 7 D. 10

【答案】A。

2.【2016 年真题】国有资金控股必须依法招标的项目，招标人可以选择排名第二的中标候选人为中标人的情形有（　　）。

A. 排名第一的中标候选人放弃中标

B. 排名第一的中标候选人因不可抗力提出不能履行合同

C. 招标人认为排名第一的中标候选人价格提高

D. 第一中标候选人未按招标文件要求提交履约保证金

E. 第一中标候选人为接受招标人提出缩短工期要求

【答案】ABD。

【还会这样考】

下列关于建设工程勘察、设计中标和签订合同的说法，正确的是（　　）。

A. 确定中标人的权利属于招标人

B. 招标人应当授权评标委员会直接确定中标人

C. 招标人应当于中标通知书发出后 15 日内向未中标人支付技术成果经济补偿费

D. 中标人应当自中标通知书送达之日起 30 日内，按照招标文件与投标人订立书面合同

【答案】A。

第一节　工程施工招标方式和程序

一、工程施工招标方式

【考生必掌握】

　　按照竞争的开放程度不同，施工招标可分为公开招标和邀请招标两种方式。这两种招标方式的优缺点，见表3-1。

公开招标和邀请招标的优缺点　　　　　　　　　　　　　　　表3-1

招标方式	概要	优点	缺点
公开招标	招标人通过新闻媒体发布招标公告，凡具备相应资质符合招标条件的法人或组织，不受地域和行业限制均可申请投标	（1）招标人可在较广的范围内选择中标人。 （2）投标竞争激烈，有利于将工程项目的建设交予可靠的中标人实施并取得有竞争性的报价	申请投标人较多，一般要设置资格预审程序，且评标的工作量也较大，所需招标时间长，费用高
邀请招标	（1）招标人向预先选择的若干法人或组织发出邀请函，邀请他们参加投标竞争。 （2）邀请对象的数目以5~7家为宜，但不应少于3家	（1）不需要发布招标公告和设置资格预审程序，节约费用和节省时间。 （2）可以减少合同履行过程中承包方违约的风险	（1）邀请的范围较小选择面窄，可能排斥了某些在技术或报价上有竞争实力的潜在投标人。 （2）投标竞争的激烈程度相对较小

【历年这样考】

　　【2023年真题】与邀请招标方式相比，公开招标方式在招标程序上的主要区别是（　　）。

　　A. 形式　　　　　　　　　　　　　　B. 响应性

　　C. 预审　　　　　　　　　　　　　　D. 后审

　　【答案】C。

【还会这样考】

1.下列关于公开招标特点的说法中，正确的是（　　）。

A. 公开招标可以减少合同履行过程中承包方违约的风险

B. 公开招标的投标竞争激烈程度相对较小

C. 公开招标能在较广的范围内选择中标人

D. 公开招标能够节约费用和节省时间

【答案】C。

2.下列关于邀请投标的邀请对象数目的说法中，正确的是（　　）。

A. 以 2 ~ 3 家为宜，且不应少于 2 家

B. 以 3 ~ 5 家为宜，且不应少于 3 家

C. 以 5 ~ 7 家为宜，且不应少于 3 家

D. 以 5 ~ 7 家为宜，且不应少于 5 家

【答案】C。

二、标准施工招标文件组成及适用范围

【考生必掌握】

1.《标准施工招标文件》的组成内容，如图 3-1 所示。

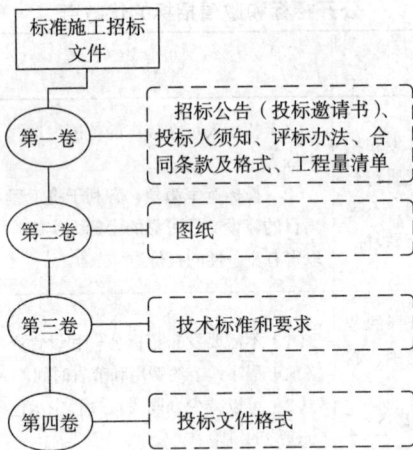

图 3-1 《标准施工招标文件》的组成内容

2.《简明标准施工招标文件》

《简明标准施工招标文件》分招标公告（或投标邀请书）、投标人须知、评标办法、合同条款及格式、工程量清单、图纸、技术标准和要求、投标文件格式。适用于依法必须进行招标的工程建设项目，工期不超过 12 个月、技术相对简单且设计和施工不是由同一承包人承担的小型项目。

【历年这样考】

1.【2020 年真题】《简明标准施工招标文件》的适用对象是（   ）。

A. 设计和施工由同一承包人承担的工程

B. 总投资为 9000 万元的非政府投资工程

C. 工期为 10 个月的小型工程

D. 工期紧、技术难度大的工程

【答案】C。

2.【2020 年真题】根据《标准施工招标文件》，组成施工招标文件的有（   ）。

A. 投标人须知   B. 发包人要求

C. 图纸及工程量清单   D. 合同条款及格式

E. 技术标准和要求

【答案】ACDE。

【还会这样考】

1. 下列属于《标准施工招标文件》第二卷内容的是（   ）。

A. 工程量清单   B. 投标邀请书

C. 图纸   D. 技术标准和要求

【答案】C。

2.《简明标准施工招标文件》的内容包括（   ）。

A. 合同条款及格式   B. 投标人须知

C. 发包人要求   D. 发包人提供的资料

E. 投标文件格式

【答案】ABE。

三、工程施工招标程序

工程施工招标程序，如图 3-2 所示。

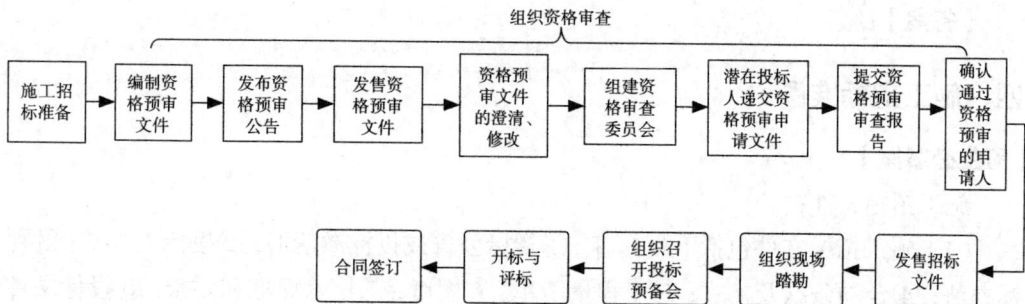

图 3-2　工程施工招标程序

扫码学习

【历年这样考】

【2019年真题】在施工招标程序中，发售招标文件后的下一个工作阶段是（　　）。

A. 踏勘现场

B. 召开投标预备会

C. 组建评标委员会

D. 递交投标文件

【答案】A。

【想对考生说】

这个考点很重要，对于这种流程类题目，考查形式通常有以下几种：

（1）在题干中给出某一工作让考生选出这一工作的前一或后一项工作是什么。

（2）随意选取某几项工作，在四个备选项中给出不同的排序，让考生选出正确的顺序。

（3）将所有工作列出并编排上序号，在四个备选项中按需要给出不同的排序，让考生选出正确的。

【还会这样考】

施工招标的基本程序主要包括：①组织现场踏勘；②编制招标文件；③申请办理招标手续；④成立招标机构；⑤开标、评标；⑥签订合同；⑦发售招标文件；⑧确定中标人。上述程序正确的排列顺序是（　　）。

A. ①②③④⑤⑥⑦⑧

B. ③②④⑦①⑤⑧⑥

C. ②③①④⑦⑤⑥⑧

D. ④③②⑦①⑤⑧⑥

【答案】D。

四、施工招标准备

【考生必掌握】

施工招标文件：

（1）施工招标文件包括下列内容：①招标公告或投标邀请书；②投标人须知；③评标办法；④合同条款及格式；⑤工程量清单；⑥图纸；⑦技术标准和要求；⑧投标文件格式；⑨投标人须知前附表规定的其他材料。

（2）施工招标文件中的投标人须知包括前附表、正文和附表格式三部分，各部分需要掌握的知识，见表3-2。

投标人须知 表 3-2

组成	内容
前附表	针对招标工程列明正文中的具体要求，明确新项目的要求、招标程序中主要工作步骤的时间安排、对投标书的编制要求等内容
正文	（1）总则，包括项目概况、资金来源和落实情况、招标范围、计划工期和质量要求、投标人资格要求等内容。 （2）招标文件，包括招标文件的组成、招标文件的澄清与修改等内容。 （3）投标文件，包括投标文件的组成、投标报价、投标有效期、投标保证金和投标文件的编制等内容。 （4）投标，包括投标文件的密封和标识、投标文件的递交和投标文件的修改与撤回等内容。 （5）开标，包括开标时间、地点和开标程序。 （6）评标，包括评标委员和评标原则等内容。 （7）合同授予。 （8）重新招标和不再招标。 （9）纪律和监督。 （10）需要补充的其他内容
附表格式	是招标过程中用到的标准化格式，包括开标记录表、问题澄清通知书、中标通知书格式和中标结果通知书格式

（3）招标公告与投标邀请书。招标公告与投标邀请书的作用、适用范围及内容，见表 3-3。

招标公告与投标邀请书的作用、适用范围及内容 表 3-3

项目	招标公告	投标邀请书
作用	让潜在投标人获得招标信息，以便进行项目筛选，确定是否参与竞争	
适用范围	适用于进行资格预审的公开招标	适用于进行资格后审的邀请招标
内容	招标条件、项目概况与招标范围、投标人资格要求、招标文件的获取、投标文件的递交、发布公告的媒介和联系方式	招标条件、项目概况与招标范围、投标人资格要求、招标文件的获取、投标文件的递交、确认和联系方式

【想对考生说】

招标公告与投标邀请书虽然在往年的考试中从未进行过考查，但也是一个很好的考查点，特别是招标公告及投标邀请书的内容很可能会考查多项选择题。

【历年这样考】

1.【2023 年真题】进行工程施工招标时,需要在投标人须知中列明的内容有（　　）。

A. 工程质量要求　　　　　　　　　　B. 中标通知时间

C. 招标文件的密封　　　　　　　　　D. 现场踏勘时间

E. 开标时间和地点

【答案】ACE。

2.【2021 年真题】根据《标准施工招标文件》,施工评标办法应在（　　）中明确规定。

　　A. 招标文件　　　　　　　　　　　　B. 招标公告

　　C. 资格预审文件　　　　　　　　　　D. 资格预审公告

　　【答案】A。

　　3.【2021年真题】招标人向建设行政主管部门办理招标申请手续时，招标备案文件中应说明的内容有（　　）。

　　A. 招标工作范围　　　　　　　　　　B. 计划工期

　　C. 对投标人的资质要求　　　　　　　D. 招标费用预算

　　E. 评标办法

　　【答案】ABC。

【还会这样考】

　　下列不属于招标公告内容的是（　　）。

　　A. 发布公告的媒介　　　　　　　　　B. 投标人资格要求

　　C. 招标程序　　　　　　　　　　　　D. 招标条件

　　【答案】C。

五、组织现场踏勘与投标预备会

【考生必掌握】

　　1. 组织现场踏勘

　　《标准施工招标文件》中规定：

　　（1）招标人按招标公告规定的时间、地点组织投标人踏勘项目现场。

　　（2）投标人承担自己踏勘现场发生的费用。

　　（3）除招标人的原因外，投标人自行负责在踏勘现场中所发生的人员伤亡和财产损失。

　　（4）招标人在踏勘现场中介绍的工程场地和相关的周边环境情况，供投标人在编制投标文件时参考，招标人不对投标人据此做出的判断和决策负责。

　　踏勘现场后涉及对招标文件进行澄清修改的，招标人应当在招标文件要求提交投标文件的截止时间至少15日前以书面形式通知所有招标文件收受人。考虑到在踏勘现场后投标人有可能对招标文件部分条款进行质疑，组织投标人踏勘现场的时间一般应在投标截止时间15日前及投标预备会召开前进行。

【想对考生说】

　　对"15"这个数字要掌握，会考查数字题目。另外还要掌握一个关于"15日"这个期限的规定——组织投标预备会的时间一般应在投标截止时间15日以前进行。

2.投标预备会

《标准施工招标文件》中规定：

（1）招标人按投标人须知说明的时间和地点召开投标预备会，澄清投标人提出的问题。

（2）投标人应在招标公告规定的时间前，以书面形式将提出的问题送达招标人，以便招标人在会议期间澄清。

（3）投标预备会后，招标人在招标公告规定的时间内，将对投标人所提问题的澄清，以书面方式通知所有购买招标文件的潜在投标人。该澄清内容为招标文件的组成部分。

【历年这样考】

1.【2023年真题】根据《标准施工招标文件》，招标人应按（　）说明的时间、地点，召开投标预备会。

A.招标公告

B.投标人须知

C.资格预审公告

D.投标邀请书

【答案】B。

2.【2022年真题】根据《标准施工招标文件》，关于招标阶段组织现场踏勘的说法，正确的有（　）。

A.招标人应鼓励投标人自主完成现场踏勘

B.投标人应自行承担踏勘现场所发生的费用

C.招标人应为任何原因导致投标人踏勘现场中所发生的人员伤亡负责

D.招标人踏勘现场时可以介绍工地情况，供投标人参考

E.招标人应在投标截止时间15日前组织现场踏勘

【答案】BD。

3.【2021年真题】根据《标准施工招标文件》，投标预备会应在投标截止时间（　）日前召开。

A.5

B.7

C.10

D.15

【答案】D。

4.【2020年真题】招标人组织施工现场踏勘后，需要对招标文件进行澄清修改的，招标人应在招标文件要求提交投标文件的截止时间至少（　）日前，以书面形式通知所有招标文件收受人。

A.2

B.5

C.10

D.15

【答案】D。

【还会这样考】

根据《标准施工招标文件》，关于现场踏勘的说法中，正确的是（　）。

A. 招标人应在投标前任意时间组织投标人踏勘项目现场

B. 招标人应承担踏勘现场发生的费用

C. 招标人不对投标人根据踏勘现场中介绍的工程场地及相关情况做出的决策负责

D. 任何情况下，投标人都应自行负责在踏勘现场中所发生的人员伤亡和财产损失

【答案】C。

六、开标

【考生必掌握】

（1）招标人及其招标代理机构应按招标文件规定的时间、地点主持开标，邀请所有投标人的法定代表人或其委托的代理人参加。

（2）主持人应按图 3-3 所示的程序开标。

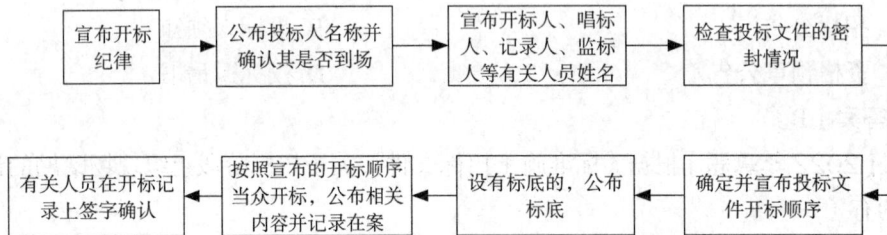

图 3-3　开标程序

【历年这样考】

1.【2022 年真题】根据《标准施工招标文件》，工程施工招标的开标记录表应记录的内容有（　　）。

A. 投标人资质　　　　　　　　　　　B. 投标保证金

C. 履约保证金　　　　　　　　　　　D. 投标报价

E. 质量目标

【答案】BDE。

2.【2021 年真题】关于施工招标中开标工作的说法，正确的有（　　）。

A. 开标时应宣布投标人名称　　　　　B. 开标时宣布各投标人报价

C. 设有标底的，开标时应公布标底　　D. 开标时应对投标报价进行排序

E. 开标时应宣布评标委员会成员选取办法

【答案】ABC。

【还会这样考】

关于开标的说法，正确的是（　　）。

A. 开标应当在招标文件确定的提交投标文件截止时间之后公开进行

B. 开标地点不必为招标文件中预先确定的地点

C. 标底应保密，不得公布

D. 开标过程应当记录，并存档备查

【答案】D。

七、评标

【考生必掌握】

1. 评标委员会

（1）评标委员会成员应于开标前确定，成员名单在中标结果确定前应当保密。

（2）评标委员会由招标人或其委托的招标代理机构熟悉相关业务的代表，以及有关技术、经济等方面的专家组成。

（3）成员人数为 5 人以上单数，其中技术、经济等方面的专家不得少于成员总数的 2/3。[助记口诀]5 人单数把会开，技术经济三分之二。

2. 评标

（1）评标由招标人依法组建的评标委员会负责。

（2）《标准施工招标文件》规定，评标办法分为经评审的最低投标价法和综合评估法，供招标人根据项目具体特点和实际需要选择适用。

【历年这样考】

1.【2022 年真题】某工程施工招标时，评标委员会成员拟由 9 人组成，根据《招标投标法》，其中技术、经济等方面的专家应不少于（　　）人。

A. 4 　　　　　　　　　　　　B. 5

C. 6 　　　　　　　　　　　　D. 7

【答案】C。

2.【2021 年真题】对于技术复杂、专业性强的招标项目，从专家库中随机抽取的评标专家难以保证胜任评标工作的，可以由（　　）直接确定评标专家。

A. 招标投标监督机构 　　　　　B. 上级主管部门

C. 招标代理机构 　　　　　　　D. 招标人

【答案】D。

3.【2018 年真题】关于评标委员会的说法，正确的是（　　）。

A. 评标委员会成员的名单应当保密

B. 评标委员会成员的名单应当在开标后确定

C. 评标委员会中的技术专家不得多于成员总数的 2/3

D. 评标委员会中的专家一律采取随机抽取方式确定

【答案】A。

4.【2017 年真题】建设工程项目施工评标委员会人数应为 5 人以上单数，其中技术、经济等方面的专家不得少于总人数的（　　）。

A. 1/2 　　　　　　　　　　　B. 1/3

C. 2/3 　　　　　　　　　　　D. 3/4

【答案】C。

【想对考生说】
　　针对本题而言需要记住两个数字：一是"5人"；二是"2/3"。在2019年的考试中曾对"5人"进行了考查。

5.【2015年真题】关于评标委员会成员组成的做法，正确的是（　　）。

A.招标代表人2人，专家3人　　　　　B.招标代表人2人，专家4人

C.招标代表人2人，专家6人　　　　　D.招标代表人2人，专家7人

【答案】D。

【想对考生说】
　　本题实际上是对"2/3"的考查，但不是采用直接提问的方式。在2013年的考试中也采用了本题的形式。
　　从上述题目也可以看出评标委员会的组成是一个高频的考点，一定要记住这两个数字。

【还会这样考】
　　在评标委员会组建过程中，下列做法符合法律规定的是（　　）。

A.评标委员会成员的名单仅在评标结束前保密

B.评标委员会7个成员中，招标人的代表为3名

C.项目评标专家从招标代理机构的专家库内的相关专家名单中随机抽取

D.评标委员会成员由3人组成

【答案】C。

八、合同签订

【考生必掌握】

　　1.确定中标人

　　（1）招标人可以授权评标委员会直接确定中标人，也可以依据评标委员会推荐的中标候选人确定中标人。评标委员会一般按照择优的原则推荐1~3名中标候选人。

　　（2）确定中标人后，招标人在招标文件规定的投标有效期内以书面形式向中标人发出中标通知书，同时将中标结果通知未中标的投标人。

　　2.履约担保

　　在签订合同前，中标人应按招标文件中规定的金额、担保形式和履约担保格式向招标人提交履约担保。联合体中标的，其履行担保由牵头人递交。

　　3.合同订立

　　（1）招标人和中标人应当在投标有效期内以及中标通知书发出之日起30日之内，

根据招标文件和中标人的投标文件订立书面合同。

（2）发出中标通知书后，招标人无正当理由拒签合同的，招标人向中标人退还投标保证金；给中标人造成损失的，还应当赔偿损失。

【历年这样考】

1.【2022年真题】某施工项目，单位甲和单位乙组成联合体投标，其中单位甲投入编制投标文件的人手多，单位乙承担投标施工项目工作量大，则该联合体中标后，其履约担保应由（　　）递交。

A. 单位甲 　　　　　　　　　　　B. 单位乙

C. 单位甲乙共同 　　　　　　　　D. 联合体牵头单位

【答案】D。

2.【2022年真题】某政府投资项目，采用公开招标方式选择施工承包商，招标文件规定的开标日为2021年6月1日，投标有效期至2021年8月30日止。该项目如期开标并于2021年6月7日完成评标，6月11日向中标人发出中标通知书，则招标人与中标人最迟应在2021年（　　）订立书面合同。

A. 6月27日 　　　　　　　　　　B. 7月11日

C. 8月1日 　　　　　　　　　　　D. 8月30日

【答案】B。

3.【2020年真题】根据《标准施工招标文件》中的通用合同条款，施工合同签订前，中标人应按招标文件规定向招标人提交的凭证是（　　）。

A. 投标保证金凭证 　　　　　　　B. 预付款担保凭证

C. 履约担保凭证 　　　　　　　　D. 质量管理体系认证文件

【答案】C。

4.【2018年真题】根据《招标投标法》，应由（　　）确定中标人。

A. 招标人 　　　　　　　　　　　B. 招标代理机构

C. 评标委员会 　　　　　　　　　D. 招标投标监督机构

【答案】A。

【还会这样考】

1. 某项目2019年3月1日确定了中标人，2019年3月8日发出了中标通知书，2019年3月12日中标人收到了中标通知书，则签订合同的日期应该不迟于（　　）。

A. 2019年3月16日 　　　　　　　B. 2019年3月31日

C. 2019年4月7日 　　　　　　　 D. 2019年4月11日

【答案】C。

2. 关于中标和签订合同的说法，正确的是（　　）。

A. 确定中标人的权利属于招标人

B. 招标人应当授权评标委员会直接确定中标人

C. 发出中标通知书后，招标人无正当理由拒签合同的，招标人向中标人双倍返还

投标保证金

D. 中标人应当自中标通知书送达之日起 30 日内，按照招标文件与投标人订立书面合同

【答案】A。

九、重新招标和不再招标

【考生必掌握】

重新招标和不再招标的相关知识，如图 3-4 所示。

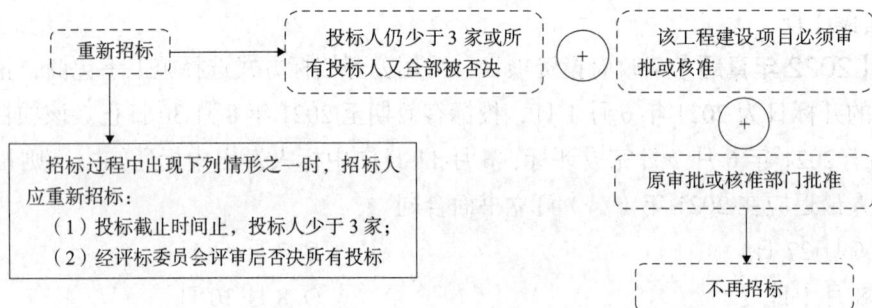

图 3-4　重新招标和不再招标

【历年这样考】

【2021 年真题】根据《标准施工招标文件》，招标人需重新招标的情形有（　　）。

A. 招标人在投标截止日前对招标文件内容做出修改

B. 至投标截止时间共有 2 家单位投标

C. 开标时发现所有投标人报价均高于标底

D. 评标委员会成员中有投标人的近亲

E. 所有投标人的投标经评标委员会评审后均被否决

【答案】BE。

【想对考生说】

（1）本采分点可能会考查的内容共两个：一个是重新招标的情况；二是工程项目不再招标的原因及工程项目不再招标后招标人应采取的措施。

（2）本采分点的考查方式及考查侧重点均已体现在了上述历年真题中，这里就不再为考生准备习题来练习了。

第二节　投标人资格审查

一、标准资格预审文件的组成

【考生必掌握】

1. 文件的组成

《标准资格预审文件》各章规定的内容包括：资格预审公告、申请人须知、资格审查方法、资格审查办法、资格预审申请文件。

2. 资格预审与资格后审

【想对考生说】

关于资格预审与资格后审的相关知识虽然在教材中所占篇幅不大但考查频次却很高，因此考生一定要掌握。

资格预审与资格后审，如图 3-5 所示。

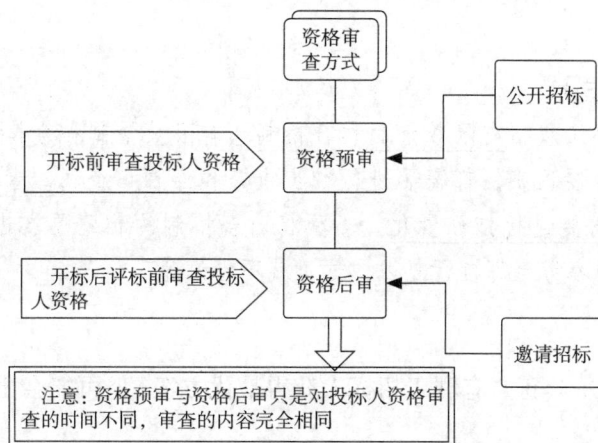

图 3-5　资格预审与资格后审

【历年这样考】

1.【2021 年真题】关于施工投标人资格预审和资格后审的说法，正确的是（　　）。

A. 资格预审适用于邀请招标方式

B. 资格后审适用于投标人数量较多的情形

C. 鼓励同时采用资格预审和资格后审

D. 资格预审与资格后审的审查内容一致

【答案】D。

2.【2021 年真题】工程施工投标资格预审公告包括的内容有（　　）。

A. 招标条件   B. 项目概况与招标范围

C. 资格预审方法   D. 申请人资格要求

E. 投标保证金要求

【答案】ABCD。

3.【2019 年真题】招标程序中资格预审与资格后审的区别，主要体现在审查投标人资格的（　　）。

A. 目的   B. 时间

C. 内容   D. 方法

【答案】B。

【还会这样考】

下列关于施工招标资格预审和资格后审的说法，正确的是（　　）。

A. 资格后审在评标后定标前进行   B. 资格后审和资格预审的时间不同

C. 资格后审的内容比资格预审少   D. 对于公开招标的项目，实行后审

【答案】B。

二、资格审查办法

【考生必掌握】

【想对考生说】

资格审查办法包括有限数量制和合格制。有限数量制和合格制在审查标准上并无本质或重要区别，都需要进行初步审查和详细审查。二者的不同之处在于有限数量制需要进行打分量化。下面将对合格制的相关要点进行详细讲解，有限数量制的内容考生可自行复习，这里就不再讲述了。

1. 特点

合格制比较公平公正，有利于招标人获得最优方案；但可能会出现人数多，增加招标成本。

2. 审查标准与程序

凡符合资格预审文件规定的初步审查标准和详细审查标准的申请人均通过资格预审，取得投标人资格。审查标准与程序的相关知识，见表 3-4。

合格制的审查标准与程序   表 3-4

项目	初步审查	详细审查
审查因素	申请人的名称；申请函的签字盖章；申请文件的格式；联合体申请人；资格预审申请文件的证明材料以及其他审查因素	申请人的营业执照、安全生产许可证、资质、财务、业绩、信誉、项目经理资格以及其他要求等
审查程序	审查委员会依据资格预审文件规定的初步审查标准，对资格预审申请文件进行初步审查	审查委员会依据资格预审文件详细评审标准，对通过初步审查的资格预审申请文件进行详细审查

3. 审查程序

审查程序包括初步审查和详细审查，如图 3-6 所示。

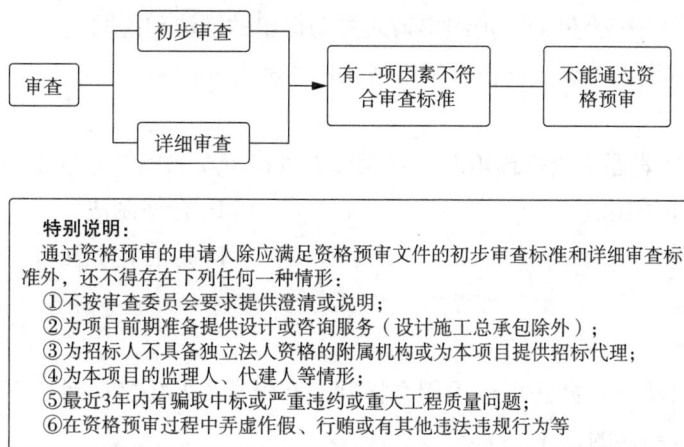

特别说明：
通过资格预审的申请人除应满足资格预审文件的初步审查标准和详细审查标准外，还不得存在下列任何一种情形：
①不按审查委员会要求提供澄清或说明；
②为项目前期准备提供设计或咨询服务（设计施工总承包除外）；
③为招标人不具备独立法人资格的附属机构或为本项目提供招标代理；
④为本项目的监理人、代建人等情形；
⑤最近3年内有骗取中标或严重违约或重大工程质量问题；
⑥在资格预审过程中弄虚作假、行贿或其他违法违规行为等

图 3-6　审查程序

4. 资格预审申请文件的澄清

在审查过程中，审查委员会可以用书面形式要求申请人对所提交的资格预审申请文件中不明确的内容进行必要的澄清或说明。申请人的澄清或说明应采用书面形式，并不得改变资格预审申请文件的实质性内容。申请人的澄清和说明内容属于资格预审申请文件的组成部分。招标人和审查委员会不接受申请人主动提出的澄清或说明。

【想对考生说】

注意：如通过详细审查申请人的数量不足 3 家，招标人应重新组织资格预审或不再组织资格预审而直接招标。

【历年这样考】

1.【2023 年真题】投标人资格审查办法有两种，分别是（　　）。

A. 合格制和有限数量制　　　　　　　　　B. 有限合格制和固定数量制

C. 合格制和有限合格制　　　　　　　　　D. 固定数量制和有限数量制

【答案】A。

2.【2023 年真题】招标人进行施工投标人资格审查时，初步审查的内容是（　　）。

A. 施工项目经理资格　　　　　　　　　　B. 类似工程业绩

C. 资格审查申请函的签字盖章　　　　　　D. 安全生产许可证的有效性

【答案】C。

3.【2022 年真题】关于施工招标中对投标申请人资格预审申请文件澄清和说明的说法，正确的有（　　）。

A. 对资格预审申请文件要求澄清和说明的通知应发给所有申请人

B. 申请人的澄清不得改变资格预审申请文件的实质性内容

C. 申请人的澄清和说明内容属于资格预审申请文件的组成部分

D. 招标人和审查委员会应拒绝申请人主动提出的澄清和说明

E. 申请人可以主动提出资格预审申请文件的澄清或说明

【答案】BCD。

4.【2020年真题】资格预审时，对投标人资格审查采用打分量化的方法是（　　）。

A. 有限数量限制法　　　　　　　　　　B. 合格制法

C. 标准化法　　　　　　　　　　　　　D. 综合记分法

【答案】A。

【还会这样考】

1. 投标人资格审查办法可以采用合格制或有限数量制中的一种，下列关于合格制特点的说法中，错误的是（　　）。

A. 比较公平、公正　　　　　　　　　　B. 有利于招标人获得最优方案

C. 参加投标的人数较少　　　　　　　　D. 会增加招标成本

【答案】C。

2. 投标人资格审查办法可以采用合格制或有限数量制中的一种，下列投标人资格预审的内容，属于详细审查内容的是（　　）。

A. 资质条件　　　　　　　　　　　　　B. 提供资料的有效性

C. 类似项目的业绩　　　　　　　　　　D. 提供资料的完整性

E. 财务状况

【答案】ACE。

第三节　施工评标办法

一、最低评标价法

采分点1　适用范围及评审比较的原则

【考生必掌握】

（1）最低评标价法一般适用于具有通用技术、性能标准或者招标人对其技术、性能标准没有特殊要求的招标项目。

（2）招标人编制施工招标文件时，应不加修改地引用《标准施工招标资格预审文件》和《标准施工招标文件》规定的方法。"评标办法前附表"由招标人根据招标项目具体特点和实际需要编制，用于进一步明确未尽事宜，但务必与招标文件中其他章节相衔接，并不得与《标准施工招标资格预审文件》和《标准施工招标文件》的内容相抵触，

否则抵触内容无效。

（3）最低评标价法是以投标报价为基数，考量其他因素形成评审价格，对投标文件进行评价的一种评标方法。

（4）经评审的投标价相等时，投标报价低的优先，投标报价也相等的，由招标人自行确定。

【历年这样考】

1.【2023年真题】采用最低评标价法进行施工评标时，经评审的投标价相等时，应以（　）的优先。

A.施工组织的设计得分高　　　　　　　B.施工方案得分高

C.施工项目经理得分高　　　　　　　　D.投标报价低

【答案】D。

2.【2021年真题】对于具有通用技术和性能标准、大多数施工单位均能承担的施工项目，宜采用的评标方法是（　）。

A.经评审的最低投标价法　　　　　　　B.有限数量评审法

C.最低投标价法　　　　　　　　　　　D.综合评估法

【答案】A。

3.【2019年真题】关于《标准施工招标文件》中"评标办法前附表"的说法，正确的是（　）。

A.行业标准施工招标文件应不加修改地引用《标准施工招标文件》中的"评标办法前附表"

B."评标办法前附表"用于明确资格审查和评标的方法、因素、标准和程序

C."评标办法前附表"可以与"评标办法"的内容相抵触

D."评标办法前附表"无须参考招标项目的具体特点和实际需要

【答案】B。

【还会这样考】

根据《标准施工招标文件》，对于招标人对其技术、性能标准没有特殊要求的招标项目，宜采用的评标方法是（　）。

A.最低评标价法　　　　　　　　　　　B.设计费必选法

C.最合理报价评审法　　　　　　　　　D.综合评估法

【答案】A。

采分点2　评审标准

【考生必掌握】

1.初步评审

根据《标准施工招标文件》的规定，投标初步评审为形式评审、资格评审、响应性评审、施工组织设计和项目管理机构评审标准四个方面。

（1）形式评审的因素一般包括：投标人的名称；投标函的签字盖章；投标文件的

格式；联合体投标人；投标报价的唯一性；其他评审因素等。[助记口诀]联合体签名格式，报价唯一。

（2）资格评审的因素一般包括：营业执照、安全生产许可证、资质等级、财务状况、类似项目业绩、信誉、项目经理、其他要求、联合体投标人等。该部分内容分为表3-5中的两种情况。

资格评审标准   表3-5

未进行资格预审的	已进行资格预审的
评审标准须与投标人须知前附表中对投标人资质、财务、业绩、信誉、项目经理的要求以及其他要求一致，招标人要特别注意在投标人须知中补充和细化的要求，应在前附表中体现出来	评审标准须与资格预审文件资格审查办法详细审查标准保持一致。在递交资格预审申请文件后、投标截止时间前发生可能影响其资格条件或履约能力的新情况，应按照招标文件中投标人须知的规定提交更新或补充资料

（3）响应性评审的因素一般包括投标内容、工期、工程质量、投标有效期、投标保证金、权利义务、已标价工程量清单、技术标准和要求等。

（4）施工组织设计和项目管理机构评审的因素一般包括施工方案与技术措施、质量管理体系与措施、安全管理体系与措施、环境保护管理体系与措施、工程进度计划与措施、资源配备计划、技术负责人、其他主要成员、施工设备、试验和检测仪器设备等。

2.详细评审

详细评审标准和评审因素一般包括：单价遗漏；付款条件等。

【历年这样考】

1.【2023年真题】根据《标准施工招标文件》，施工招标文件初步评审环节应审查的内容有（　　）。

A.程序评审　　　　　　　　　　　B.形式评审

C.响应性评审　　　　　　　　　　D.资格评审

E.报价评审

【答案】BCD。

2.【2021年真题】根据《标准施工招标文件》，采用经评审的最低投标价法评标时，初步评审的标准有（　　）。

A.资格评审标准　　　　　　　　　B.形式评审标准

C.施工组织设计评审标准　　　　　D.付款条件评审标准

E.项目管理机构评审标准

【答案】ABCE。

【想对考生说】

2015年采用逆向命题方式考查了相同知识点，是这样命题的："根据《标准施工招标文件》，下列评审工作中，不属于初步评审阶段工作内容的是（　　）。"

3.【2020 年真题】根据《标准施工招标文件》，评标委员会对投标报价进行的响应性评审内容有（　　）。

　　A. 投标文件格式　　　　　　　　　　B. 投标有效期

　　C. 投标保证金　　　　　　　　　　　D. 已标价工程量清单

　　E. 安全生产许可证

【答案】BCD。

4.【2020 年真题】根据《标准施工招标文件》，施工评标中，对施工组织设计和项目管理机构的评审内容包括（　　）。

　　A. 施工方案与技术措施

　　B. 质量、安全、环境保护管理体系与措施

　　C. 工程进度计划、资源配置计划

　　D. 技术负责人及主要管理人员配置

　　E. 工程投资绩效评审方案

【答案】ABCD。

【还会这样考】

根据《标准施工招标文件》的规定，投标初步评审为形式评审、资格评审、响应性评审、施工组织设计和项目管理机构评审标准四个方面。其中，资格评审的因素一般包括（　　）。

　　A. 工程质量　　　　　　　　　　　　B. 财务状况

　　C. 类似项目业绩　　　　　　　　　　D. 投标保证金

　　E. 联合体投标人

【答案】BCE。

采分点 3　评标程序

【考生必掌握】

1. 初步评审

（1）初步评审流程，如图 3-7 所示。

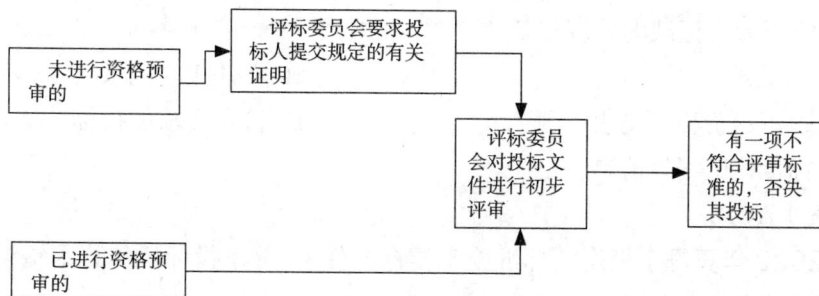

图 3-7　初步评审流程

【想对考生说】

当投标人资格预审申请文件的内容发生重大变化时，评标委员会依据评标办法中规定的标准对其更新资料进行评审。

（2）投标报价有算术错误的，评标委员会按以下原则对投标报价进行修正：

①投标文件中的大写金额与小写金额不一致的，<u>以大写金额为准</u>；

②总价金额与依据单价计算出的结果不一致的，<u>以单价金额为准修正总价</u>，但单价金额小数点有明显错误的除外。

[助记口诀] 金额不一听老大；总单不一宠单价。

【想对考生说】

（1）修正的价格经投标人书面确认后具有约束力。

（2）投标人不接受修正价格的，应当否决该投标人的投标。

2.详细评审

评标委员会依据本评标办法中详细评审标准规定的量化因素和标准进行价格折算，计算出评标价，并编制价格比较一览表。

3.评标结果

（1）除授权评标委员会直接确定中标人外，还可以按照经评审的价格由低到高的顺序推荐中标候选人，但最低价不能低于成本价。

（2）评标委员会完成评标后，应当向招标人提交书面评标报告。

评标报告应当如实记载的内容：基本情况和数据表；评标委员会成员名单；<u>开标记录</u>；<u>符合要求的投标一览表</u>；否决投标的情况说明；评标标准、评标方法或者评标因素一览表；<u>经评审的价格一览表</u>；经评审的投标人排序；推荐的中标候选人名单或根据招标人授权确定的中标人名单，签订合同前要处理的事宜；以及<u>需要澄清、说明、补正事项纪要</u>。

【历年这样考】

1.【2023年真题】根据《标准施工招标文件》，采用最低评标价法进行评标的评标报告应当如实记载的内容包括（　　）。

A.开标记录　　　　　　　　　　　　B.文件接收记录

C.经评审的价格一览表　　　　　　　D.符合要求的投标一览表

E.已标价的工程量清单

【答案】ACD。

2.【2022年真题】根据《标准施工招标文件》，关于投标报价算术错误处理的说法，正确的有（　　）。

A.投标文件中大写金额与小写金额不一致的，以大写金额为准

B.依据单价计算结果与总价金额不一致的，以总价金额为准

C.评标委员会对发现算术错误的报价可直接修正，并对投标人有约束力

D.投标文件中发现报价金额小数点有明显错误的，应予否决投标

E.投标人不接受对其投标报价的算术错误进行修正的，应予否决投标

【答案】AE。

3.【2020年真题】某工程，施工招标文件规定的评标方法为最低评标价法。现有三家单位投标，甲投标报价6050万元，评标价6000万元；乙投标报价6200万元，评标价5950万元；丙投标报价5950万元，评标价6050万元，则中标单位及签约合同价分别为（　　）。

A.乙，5950万元

B.乙，6200万元

C.丙，5950万元

D.丙，6050万元

【答案】B。

4.【2019年真题】某施工项目招标，采用经评审的最低投标价法评标，评标排名前2位的投标人为甲、乙。甲的投标报价为5000万元，评标价为4990万元。乙的投标报价为5030万元，评标价为4980万元，则中标人和中标价格分别为（　　）。

A.甲，5000万元

B.甲，4990万元

C.乙，5030万元

D.乙，4980万元

【答案】C。

【想对考生说】

本题较为简单，甲、乙双方的投标报价及评标价均已给出，只要比较一下谁的评标价最低，谁就是中标人，中标人的投标价格就是中标价格。

5.【2018年真题】某工程施工项目招标，采用经评审的最低投标价法评标，工期10个月以内每提前1个月可给建设单位带来收益30万元。某投标人报价1800万元，工期9个月，仅考虑工期因素，该投标人的合同价格和评标价格分别是（　　）。

A.1800万元，1800万元

B.1800万元，1770万元

C.1830万元，1800万元

D.1830万元，1770万元

【答案】B。

6.【2017年真题】采用经评审的最低投标价法对建设工程项目施工投标文件进行评审时，主要比较的是（　　）。

A.项目总报价

B.分部分项工程报价

C.对某些量化因素进行价格折算后的总价

D.投标人优惠后的总价

【答案】C。

【想对考生说】

本采分点的考查方式及考查侧重点均已体现在了上述历年真题中，这里就不再为考生准备习题来练习了。

二、综合评估法

【考生必掌握】

（1）综合评估法一般适用于招标人对招标项目的技术、性能有专门要求的招标项目。

（2）综合评估法分为形式评审因素和评审标准、资格评审因素和评审标准、响应性评审因素和评审标准、施工组织设计评分因素和评分标准、项目管理机构评分因素和评分标准、投标报价评分因素和评分标准、其他因素评分标准。

（3）评标委员会对满足招标文件实质性要求的投标文件，按照评标办法中表所列的分值构成与评分标准规定的评分标准进行打分，并按得分由高到低顺序推荐中标候选人，或根据招标人授权直接确定中标人，但投标报价低于其成本的除外。综合评分相等时，以投标报价低的优先；投标报价也相等的，由招标人自行确定。

（4）综合评估法与最低评标价法初步评审标准的参考因素与评审标准等方面基本相同，只是综合评估法初步评审标准包含形式评审标准、资格评审标准和响应性评审标准三部分。二者之间的区别主要在于综合评估法需要在评审的基础上按照一定的标准进行分值或货币量化。

（5）评标基准价的计算方法应在评标办法前附表中明确。

（6）投标报价的偏差率计算：偏差率 =100% ×（投标人报价 – 评标基准价）/ 评标基准价

【历年这样考】

1.【2023 年真题】采用综合评估法进行施工评标时，评标基准价的计算方法应在（　　）予以明确。

A. 评标办法前附表　　　　　　　　B. 招标公告

C. 资格预审公告　　　　　　　　　D. 投标邀请书

【答案】A。

2.【2022 年真题】某大型复杂工程，施工技术要求高，对性能有特殊要求，则施工招标适宜采用的评标方法是（　　）。

A. 综合评估法　　　　　　　　　　B. 综合评标价法

C. 最低评标价法　　　　　　　　　D. 最低投标价法

【答案】A。

3.【2022 年真题】某工程施工评标中，有两家不同报价的投标单位综合评分相等时，根据《标准施工招标文件》，应将（　　）排名靠前。

A. 投标报价低的单位　　　　　　　B. 资质等级高的单位

C. 施工组织设计得分高的单位　　　D. 对招标人提出较多优惠条件的单位

【答案】A。

4.【2021年真题】采用综合评估法评标时，应根据投标人报价和（　　）计算投标报价偏差率。

A. 投标限价　　　　　　　　　　　B. 评标基准价

C. 最低评标价　　　　　　　　　　D. 投标平均价

【答案】B。

【还会这样考】

根据《标准施工招标文件》，下列关于综合评估法的说法中，正确的是（　　）。

A. 综合评估法适用于招标人对其技术、性能标准没有特殊要求的招标项目

B. 综合评估法与最低评标价法初步评审标准的参考因素与评审标准等方面基本相同

C. 综合评分相等且投标报价也相等时，以设计方案得分低的优先

D. 综合评估法初步评审标准包含形式评审、资格评审、响应性评审、施工组织设计和项目管理机构评审标准四个方面

【答案】B。

第四节　工程总承包招标

【考生必掌握】

【想对考生说】

由于工程总承包招标程序与施工招标程序基本相同，因此下面仅介绍与工程施工招标不同的内容。

1. 招标文件

招标文件是投标人编制投标文件和报价的依据，其相关知识见表3-6。

招标文件　　　　　　　　　　　　　　表3-6

项目	内容
编制要求	（1）招标人应根据《标准设计施工总承包招标文件》，结合招标项目具体特点和实际需要，编制招标文件。 （2）招标人应包括招标项目的所有实质性要求和条件

续表

项目	内容
内容	（1）招标公告或投标邀请书。 （2）投标人须知。与标准施工招标文件相比较，投标人须知在设计方面提出了质量标准、投标人资格要求、设计成果补偿等有关设计工作方面的要求。 （3）评标办法。 （4）合同条款及格式。 （5）发包人要求。 （6）发包人提供的资料。 （7）投标文件格式。 （8）投标人须知前附表规定的其他材料
有关设计工作方面的要求	与标准施工招标文件相比较，投标人须知在设计方面提出了有关设计工作方面的要求： （1）质量标准：包括设计要求的质量标准； （2）投标人资格要求：项目经理应当具备工程设计类或者工程施工类注册执业资格，设计负责人应当具备工程设计类注册执业资格； （3）设计成果补偿：招标人对符合招标文件规定的未中标人的设计成果进行补偿的，按投标人须知前附表规定给予补偿，并有权免费使用未中标人设计成果等

2. 价格清单

价格清单指构成合同文件组成部分的由承包人按规定的格式和要求填写并标明价格的清单，它包括勘察设计费清单、工程设备费清单、必备的备品备件费清单、建筑安装工程费清单、技术服务费清单、暂估价清单、其他费用清单和投标报价汇总表。总承包招标编制的价格清单还包括有关勘察设计费等内容。

【历年这样考】

1.【2023年真题】与施工招标相比，工程总承包招标在投标人须知中应增加的内容是（　　）。

A. 投标有效期 　　　　　　　　　　　B. 设计成果补偿办法

C. 投标保证金的要求 　　　　　　　　D. 投标人资格要求

【答案】B。

2.【2023年真题】工程总承包招标与施工招标相比，二者存在差异的是（　　）。

A. 招标程序 　　　　　　　　　　　　B. 中标通知书格式

C. 价格清单组成 　　　　　　　　　　D. 评标方式

【答案】C。

3.【2022年真题】招标人按照投标人须知前附表要求，对于符合招标文件规定的未中标人的设计成果给予补偿后，关于该设计成果使用的说法，正确的是（　　）。

A. 招标人应保护未中标人知识产权且不得使用其设计成果

B. 招标人有权免费使用未中标人的设计成果

C. 应由中标人与未中标人协商使用其设计成果的许可和费用

D. 中标人应邀请未中标人加入其设计团队并使用未中标人的设计成果

【答案】B。

4.【2021年真题】根据《标准设计施工总承包招标文件》中的投标人须知，投标人项目组织机构中应具有工程设计类注册执业资格的人员是指（　　）。

A. 设计负责人　　　　　　　　　　B. 设计专业负责人

C. 项目经理　　　　　　　　　　　D. 项目技术负责人

【答案】A。

【还会这样考】

根据《标准设计施工总承包招标文件》，标准设计施工总承包招标应包括的内容有（　　）。

A. 投标人须知　　　　　　　　　　B. 评标办法

C. 合同条款及格式　　　　　　　　D. 资格预审公告

E. 发包人提供的资料

【答案】ABCE。

第一节　材料设备采购招标特点及报价方式

一、材料设备采购方式及其特点

【考生必掌握】

材料设备采购方式及其特点，见表4-1。

材料设备采购方式及其特点　　　　　　　　　　　　表 4-1

采购方式	适用范围	特点
询价选择供货商	适用于采购数额不大的建筑材料和标准规格产品	避免了招标采购的复杂性，工作量小、耗时短、交易成本低，也在一定程度上进行了供货商之间的报价竞争，但存在较大的主观性和随意性
直接向供货商订购	适用于零星采购、应急采购，或只能从一家供应厂商获得，或必须由原供货商提供产品或向原供货商补订的采购	达成交易快，有利于及早交货，但采购来源单一，缺少对价格的比选，适用的条件较为特殊
招标选择供货商	适合于较为充分竞争的市场环境	是大宗及重要建筑材料和设备采购的最主要方式。 有利于规范买卖双方的交易行为、扩大比选范围、实现公开公平竞争，但程序复杂、工作量大、周期长。 [助记口诀]公开公平，行为规范范围大；量大、期长、序复杂

【历年这样考】

1.【2021年真题】直接订购方式适用于采购（　）的设备。

A.贵重　　　　　　　　　　　　　　B.进口

C.交货周期短　　　　　　　　　　　D.单一来源

【答案】D。

2.【2020年真题】与直接询价方式选择材料供应商相比，采用招标方式选择材料供应商的特点是（　）。

A.交易成本低　　　　　　　　　　　B.采购工作量小

C. 采购工作周期长　　　　　　　　D. 便于磋商价格

【答案】C。

【还会这样考】

1. 大宗及重要建筑材料和设备采购的最主要方式是（　　）。

A. 询价选择供货商　　　　　　　　B. 直接向供货商订购

C. 招标选择供货商　　　　　　　　D. 询价与招标投标相结合

【答案】C。

2. 建设工程材料和设备的采购主要包括询价选择供货商、直接向供货商订购和招标选择供货商三种方式。下列关于询价选择供货商这一方式的特点的表述中，正确的有（　　）。

A. 工作量小、耗时短、交易成本低　　　B. 避免了招标采购的复杂性

C. 缺少对价格的比选　　　　　　　D. 存在较大的主观性和随意性

E. 采购来源单一

【答案】ABD。

二、材料设备采购招标

【考生必掌握】

【想对考生说】

在学习具体内容之前，先来了解一下材料设备招标的概念：

材料设备招标是建设工程最为普遍使用的一种采购类型，是指建设单位或承包商等采购主体对工程所需要的各种材料设备通过招标的方式，提出对货物类型、质量、数量、交货期等的具体要求，约请供货商进行投标报价，通过竞争，从中选择优胜者为中标人，采购主体与其签订供货合同，实现采购目标。

1. 材料设备采购招标内容特点

采购大宗建筑材料或通用型批量生产的中小型设备属于买卖合同。

订购非批量生产的大型复杂机组设备、特殊用途的大型非标准部件属于加工承揽合同。

对于既有设备采购又有安装服务的项目，可以采用设备和安装分开招标，也可以为了避免供货与安装的工作范围和职责划分不清，或为了有利于投标人充分发挥制造和安装的综合实力，采用合并招标。如果采用合并招标，可以按照各部分所占的费用比例来确定具体招标类型，通常设备占费用比例大的，可按设备招标，安装工程占费用比例大的，则可按安装工程招标。

2. 材料设备采购批次标包划分特点

（1）同类材料设备可以一次招标分期交货，不同材料设备可以分阶段采购。

（2）标包的划分要考虑工程实际需要，保证货物质量和供货时间，并有利于吸引

多家投标人参加竞争，既要避免标包划分过大，<u>中小供应厂商无法满足供应</u>；又要避免划分过小，<u>缺乏对大型供应厂商的吸引力</u>。

（3）投标的基本单位是标包，每次招标时，可依据设备材料的性质<u>只发一个标包或分成几个标包同时招标</u>。

（4）投标人可以投一个或其中的几个标包，但<u>不能仅对一个标包中的某几项进行投标</u>。

【想对考生说】
　　上文中的划分部分是历年考试的常考点，通常会以说法正确与否的方式提问，在设置选项时会将某些内容改错来混淆考生（例如将"投标人不能仅对1个合同包中的某几项进行投标"改错为"允许供应商投标一个合同包中的部分产品"）。

【历年这样考】

1.【2023年真题】进行工程材料招标时，标段划分过小，将会产生的后果有（　　）。

A. 不利于保证材料质量　　　　　　　　B. 不利于材料的及时供应

C. 不利于中小厂商参与竞标　　　　　　D. 不利于吸引大型厂商参与竞标

E. 不利于减少招标工作量

【答案】DE。

2.【2022年真题】施工单位采购大宗建筑材料，与材料供货商签订的合同属于（　　）合同。

A. 委托　　　　　　　　　　　　　　　B. 承揽

C. 买卖　　　　　　　　　　　　　　　D. 建设工程

【答案】C。

3.【2021年真题】为充分发挥投标人设备制造和安装的综合实力，采用合并招标方式采购设备和安装工程时，可按照（　　）来确定招标类型。

A. 设备生产周期　　　　　　　　　　　B. 安装工程实施周期

C. 设备安装条件　　　　　　　　　　　D. 各部分所占费用比例

【答案】D。

4.【2019年真题】在建设工程材料采购招标时，关于合同包划分标段的说法，正确的是（　　）。

A. 不同类型的建筑材料应尽量作为一个合同包

B. 允许供应商同时投标几个合同包

C. 允许供应商投标一个合同包中的部分产品

D. 划分的合同包较小，有利于吸引大供应商参与投标

【答案】B。

【想对考生说】

　　本题是对标包划分的考查，2017 年的考试中也曾考查了这一考点。教材已将合同包修订为标包。该处考核形式参见上题即可。

【还会这样考】

　　划分采购包时应考虑的因素包括（　　）。

A. 工程效率

B. 市场供应情况

C. 工程实际需要的时间

D. 市场价格变动趋势

E. 建设资金周转计划

【答案】BCDE。

三、材料设备采购招标投标主要报价方式

【考生必掌握】

　　1. 从中国关境内提供的货物

　　对于从中国关境内提供的货物，其报价方式共三种，如图 4-1 所示。

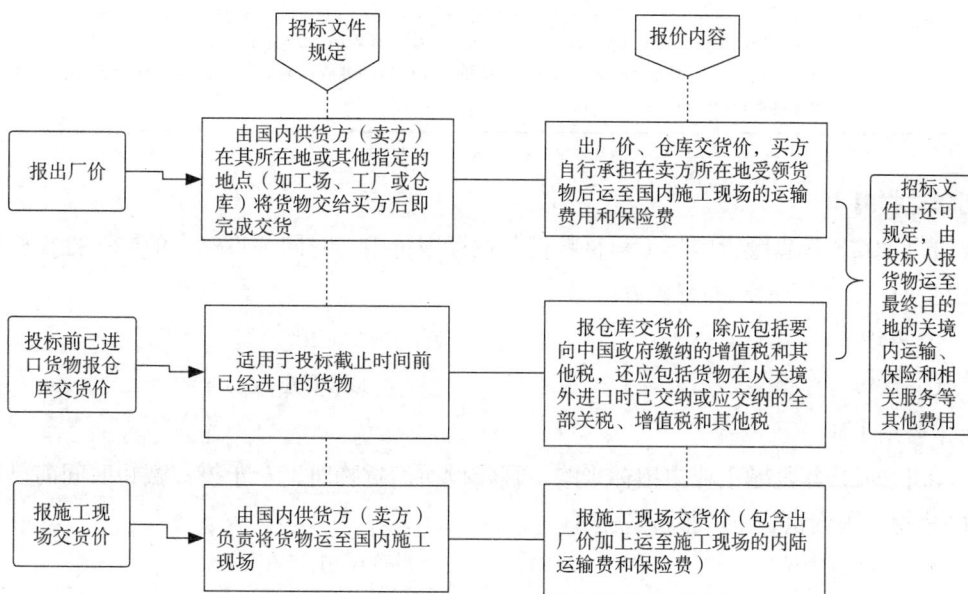

图 4-1　从中国关境内提供货物的报价方式

　　2. 从中国关境外提供的货物

　　从中国关境外提供的货物，其报价方式见表 4-2。

从中国关境外提供货物的报价方式　　　　　　表 4-2

报价方式	报价内容
报 FOB 价	卖方负责办理包括将货物在指定的装船港装上船之前的一切运输事项及运输费用，费用包含在报价中
报 FCA 价	卖方负责办理将货物在买方指定地点或其他同意的地点交由承运方保管之前的一切运输事项，并承担运输费用，费用包含在报价中
报 CIF 价	卖方负责办理租船订舱，并承担将货物装上船之前的一切费用，以及海运费和从转运港运至目的港的保险费
报 CIP 价	卖方负责与承运人签订运输协议，并承担货物运至目的地的运费和保险费

3. 大中型机电设备投标分项报价表的内容

大中型机电设备投标分项报价表的内容，见表 4-3。

大中型机电设备投标分项报价表的内容　　　　　　表 4-3

项目	内容
供货分项类别	主机和标准附件；备品备件；专用工具；安装、调试、检验；培训；技术服务；其他
境内供货	有关境内供货的，对上述类别内容分别填报的报价信息：型号和规格；数量；原产地和制造商名称；单价（注明装运地点）；总价；至最终目的地的运费和保险费
境外供货	有关境外供货的，则应按要求填报的报价信息：型号和规格；数量；原产地和制造商名称；FOB/FCA 单价（注明装运港或装运地点）；CIF/CIP 单价（注明目的港或目的地）；CIF/CIP 总价；至最终目的地的内陆运费和保险费

【历年这样考】

1.【2023 年真题】国际工程材料设备投标报价中，对同一投标人的同一批投标材料设备而言，报价最高的贸易方式是（　　）。

A. FOB
B. CIP
C. EXW
D. FCA

【答案】B。

2.【2022 年真题】业主招标采购工程建设所需货物时，对于投标截止时间前已进口的货物，国内供货方的报价应是（　　）。

A. 仓库交货价
B. 出厂价
C. 船上交货价
D. 离岸价

【答案】A。

3.【2022 年真题】业主从国外采购建设工程所需设备时，招标文件中要求报指定目的港价的，国外供货方在投标时应报（　　）价。

A. FCA
B. CIP
C. FOB
D. CIF

【答案】D。

4.【2022年真题】根据《机电产品国际招标标准招标文件（试行）》，投标分项报价表应包括的内容有（   ）。

A. 专用工具   B. 主要功能

C. 技术服务   D. 标准附件

E. 备品备件

【答案】ACDE。

5.【2021年真题】业主从国外采购建设工程所需设备时，招标文件中要求报装运港船上交货价的，国外供货方在投标时应报（   ）价。

A. FOB   B. CIF

C. FCA   D. CIP

【答案】A。

【还会这样考】

1. 在材料设备采购招标投标过程中，对于从中国关境外提供的在投标截止时间前已经进口的货物，可报（   ）。

A. 出厂价   B. 仓库交货价

C. 施工现场交货价   D. FOB 价

【答案】B。

2. 在材料设备采购招标投标过程中，对于从中国关境外提供的货物，卖方在指定的地点将货物交给买方指定的承运人即完成交货时，应报（   ）。

A. FOB 价   B. FCA 价

C. CIF 价   D. CIP 价

【答案】B。

第二节 材料采购招标

一、材料采购招标方式和资格要求

【考生必掌握】

1. 招标方式

建设工程材料招标可以采用公开招标或邀请招标的方式。

2. 对投标人的资格要求

通常情况下，对投标人的资格要求主要包括：

（1）具有独立订立合同的能力。

（2）在专业技术、设备设施、人员组织、业绩经验等方面具有设计、制造、质量控制、经营管理的相应资格和能力。

（3）具有完善的质量保证体系。

（4）业绩良好。具有设计、制造与招标材料相同或相近的供货业绩及运行经验。

（5）有良好的银行信用和商业信誉等。

【历年这样考】

【2023年真题】工程货物采购招标中，对投标人的资格要求有（　　）。

A. 商业信誉 　　　　　　　　　　B. 质量保证体系

C. 供货业绩经验 　　　　　　　　D. 企业人员数量

E. 企业经营策略

【答案】ABC。

【想对考生说】

本采分点需要掌握的要点为对投标人的资格要求，考核形式结合上述真题进行掌握即可，这里不再为考生准备习题来练习了。

二、材料采购招标投标文件的内容及供货要求

【考生必掌握】

1. 材料采购招标投标文件的内容

材料采购招标投标文件的内容，见表4-4。

材料采购招标投标文件的内容　　　　　　　　　　　表4-4

招标文件的内容	投标文件的内容
（1）招标公告或投标邀请书。 （2）投标人须知。 （3）评标办法。 （4）合同条款及格式。 （5）供货要求。 （6）投标文件格式。 （7）投标人须知前附表规定的其他资料。 [助记口诀] 招标公告须知法；供货条款格式化	（1）投标函及投标函附录。 （2）法定代表人身份证明或授权委托书。 （3）联合体协议书。 （4）投标保证金。 （5）商务和技术偏差表。 （6）分项报价表。 （7）资格审查资料。 （8）投标材料质量标准。 （9）技术支持资料。 （10）相关服务计划。 （11）投标人须知前附表规定的其他资料

2. 材料招标的供货要求

根据《标准材料采购招标文件》，建设工程材料招标的供货要求应包括：材料名称、规格、数量及单位、交货期、交货地点、质量标准、验收标准和相关服务要求等。

其中，相关服务要求，应在招标文件中写明要求供货方提供的与供货材料有关的

辅助服务，如：为买方<u>检验</u>、<u>使用</u>和<u>修补材料</u>提供<u>技术指导</u>、<u>培训</u>、<u>协助</u>等。

【历年这样考】

1.【2023年真题】某工程采用公开招标方式采购建筑钢材时，招标文件应包括的内容有（   ）。

A. 钢材供货需求

B. 招标公告

C. 合格厂商列表

D. 合同条款及格式

E. 中标通知书格式

【答案】ABD。

【想对考生说】

关于材料采购招标文件应包括的内容于2022年同样以多项选择题的形式进行的考核，可见其重要程度。

2.【2021年真题】根据《标准材料采购招标文件》，材料采购投标文件中应包括的内容有（   ）。

A. 商务和技术偏差表

B. 技术支持资料

C. 投标材料质量标准

D. 合同条款修改建议

E. 资格审查资料

【答案】ABCE。

3.【2020年真题】根据《标准材料采购招标文件》，建设工程材料供货要求中应写明卖方提供的相关服务有（   ）。

A. 为买方检验材料提供技术指导

B. 为买方检验材料提供检测仪器设备

C. 为买方使用供货材料提供培训

D. 为买方购买的材料进行投保

E. 可根据买方要求派遣技术人员到施工现场提供服务

【答案】AC。

【还会这样考】

下列不属于材料采购投标文件内容的是（   ）。

A. 联合体协议书

B. 商务和技术偏差表

C. 资格审查资料

D. 合同条款及格式

【答案】D。

三、材料采购的评标程序和内容

【考生必掌握】

1. 初步评审

（1）根据《标准材料采购招标文件》，初步评审包括<u>形式评审</u>、<u>资格评审</u>和<u>响应性评审</u>，各类评审的审查内容，见表4-5。

初步评审的审查内容   表 4-5

项目	审查内容
形式评审	审查投标人名称、投标函签字盖章、投标文件格式、联合体协议书等是否符合招标文件的规定
资格评审	审查营业执照和组织机构代码证、资质要求、财务要求、业绩要求、信誉要求是否符合规定
响应性评审	审查投标报价、投标内容、交货期、质量要求、投标有效期、投标保证金、权利义务、投标材料及相关服务是否符合规定

（2）评标委员会可用书面方式要求投标人对投标文件中含义不明确、对同类问题表述不一致或者有明显文字和计算错误的内容作必要的澄清、说明或补正。

（3）投标报价有算术错误及其他错误的，评标委员会按以下原则对投标报价进行修正，并要求投标人书面澄清确认，投标人拒不澄清确认的，评标委员会应当否决其投标：

①投标文件中的大写金额与小写金额不一致的，以大写金额为准；

②总价金额与单价金额不一致的，以单价金额为准，但单价金额小数点有明显错误的除外；

③投标报价为各分项报价金额之和，投标报价与分项报价的合价不一致，应以各分项合价累计数为准，修正投标报价；

④如果分项报价中存在缺漏项，则视为缺漏项价格已包含在其他分项报价之中。

2.材料采购的详细评审

材料采购的详细评审（最低评标价法为例）的相关知识见表 4-6。

材料采购评标总价的计算和价格调整   表 4-6

项目	内容
评标总价的计算方法	计算评标总价时，以货物到达招标人指定到货地点为依据。有价格调整的，计算评标总价时，包含偏离加价
价格调整因素	除考虑投标人的报价之外，评标委员会要按照招标文件的规定选定价格调整因素并提出量化方法，列举如下： （1）运输费、保险费及其他辅助服务的费用 如果招标文件中要求投标人在投标时报从出厂地运抵指明的项目现场所发生的运输、保险及其他辅助服务的费用，评标委员会将把该费用加到出厂价上。 （2）投标文件申报的交货期 以规定的时间为基础、在可接受的交货时间范围内，每超过基础时间一周，其评标价将按在投标价的基础上增加招标文件中规定的投标价的某一百分比来考虑。提前交货不考虑降低评标价。 （3）付款条件的偏差 合同条款中规定了招标人提出的付款计划。如果投标文件对此有偏离但又属招标文件允许的，评标时将按招标文件中规定的利率计算提前支付所产生的利息，并将其计入其评标价中

【历年这样考】

1.【2023 年真题】采用最低评标价法进行设备评标时，将会导致评标价格调高的情形是（　　）。

A. 投标人按招标人可接受延期交货时间的最后期限交货

B.投标人的质量标准高于招标文件中要求的标准

C.投标人未能承诺中标后给予招标人价格折扣

D.投标人提供的投标保证金和投标期限均高于或长于招标文件的要求

【答案】A。

2.【2023年真题】根据《标准材料采购招标文件》，需在评标阶段详细评审环节评审的内容是（　　）。

A.业绩要求的符合性

B.投标有效期的正确性

C.付款条件的偏差

D.质量要求的响应

【答案】C。

3.【2022年真题】根据《标准材料采购招标文件》，在初步评审材料采购投标文件时，属于资格评审内容的是（　　）。

A.投标文件格式要求

B.财务要求

C.投标有效期要求

D.质量要求

【答案】B。

4.【2021年真题】根据《标准材料采购招标文件》，初步评审材料采购投标文件时，属于响应性评审内容的是（　　）。

A.业绩要求

B.联合体协议书

C.交货期

D.投标人名称

【答案】C。

5.【2020年真题】根据《标准材料采购招标文件》，评标时进行初步评审的内容包括（　　）。

A.形式评审

B.资格评审

C.评标办法评审

D.响应性评审

E.投标价格评审

【答案】ABD。

【还会这样考】

1.对于技术简单或技术规格、性能、制作工艺要求统一的货物采购宜采用（　　）进行评标。

A.综合评标法

B.最低评标价法

C.综合评估法

D.以设备寿命周期成本为基础的评标价法

【答案】B。

2.招标采购材料时，采用最低评标价法评标，在投标价之外还需考虑的因素包括（　　）。

A.保险费

B.生产能力

C. 产品性能 D. 运输费用

E. 付款条件

【答案】BCDE。

第三节　设备采购招标

一、设备招标供货及服务要求

【考生必掌握】

（1）《标准设备采购招标文件》规定，建设工程设备招标的供货要求应包括：设备名称、规格、数量及单位、交货期、交货地点、技术性能指标、检验考核要求、技术服务和质保期服务要求等。不仅涉及合同设备的制造、运输，还涉及技术资料、安装、调试、考核、验收、技术服务及质量保证等。

（2）《机电产品国际招标标准招标文件（试行）》规定，机电设备招标的范围除了交付约定的机组设备外，还包括"伴随服务"。这里的"伴随服务"是根据合同规定卖方承担与供货有关的辅助服务，一般包括：

①实施或监督所供货物的现场组装和试运行。

②提供货物组装和维修所需的工具。

③为所供货物的每一适当的单台设备提供详细的操作和维护手册。

④在双方商定的一定期限内对所供货物实施运行或监督或维护或修理，但该服务并不能免除卖方在合同保证期内所承担的义务。

⑤在卖方厂家和／或在项目现场就所供货物的组装、试运行、运行、维护和／或修理对买方人员进行培训。

【历年这样考】

1.【2023 年真题】《标准设备采购招标文件》规定，买方对合同设备验收后，卖方按合同约定保证合同设备适当、稳定运行并消除合同设备故障的期限为（　　）。

A. 技术服务期 B. 故障消除期

C. 运行维护期 D. 质量保证期

【答案】D。

2.【2017 年真题】大型设备采购招标包括设备及伴随服务，投标人的伴随服务内容之一是（　　）。

A. 申请设备使用许可 B. 设备的技术指标改进

C. 设备的调试 D. 设备运抵现场的保管

【答案】C。

【想对考生说】

本题考查的是伴随服务的内容，2016年的考试中对这一考点也曾考查了一道多项选择题，题目是这样设置的："机电设备采购招标范围的伴随服务内容包括（　　）。"

【还会这样考】

根据《标准设备采购招标文件》，建设工程设备招标的供货要求应包括（　　）。

A. 材料的选用

B. 检验考核要求

C. 技术性能指标

D. 质保期服务要求

E. 交货期及交货地点

【答案】BCDE。

二、设备招标及报价注意事项

【考生必掌握】

（1）对工程成套设备的供应，投标人可以是生产厂家，也可以是工程公司或贸易公司，为了保证设备供应并按期交货，如工程公司或贸易公司为投标人，必须提供生产厂家同意其在本次投标中提供该货物的正式授权书，一个生产厂家对同一品牌同一型号的材料和设备，仅能委托一个代理商参加投标。

（2）对大型设备采购招标，由于产品设计和制造的难度及复杂性，对生产厂家应有较高的资质和能力条件的要求，须具有相应的制造能力，尤其是制作同类型产品的经验，以确保标的物能够保质保量、按期交货。

（3）与通用材料的采购相比较，设备采购，尤其是大型成套设备采购，买卖双方权利和义务关系涉及的内容多、期限较长。

（4）编写工作范围时，应注意写明具体采购货物的形式、规格和性能要求、结构要求、结合部位要求、附属设备以及土建工程的限制条件。还应注意说明供应的主辅机设备、连接部件等与土建工程和其他工程项目的分界面，必要时用图纸细分明确。

（5）报价分析不仅要考虑设备本体和辅助设备的费用，也要考虑大件运输、安装、调试、专用工具等的费用；还要考虑售后维修服务人员培训、备品备件、软件升级等的可获得性和费用。

【历年这样考】

【2020年真题】关于工程成套设备采购招标中对投标人要求的说法，正确的有（　　）。

A. 投标人须具有与所供应工程成套设备相关的特定专利

B. 投标生产厂家须具有制造同类型设备的经验和制造能力

C. 投标人可以是生产厂家，也可以是工程成套设备公司

D. 一个生产厂家对同一型号的设备仅能委托一个代理商投标

E. 工程成套设备公司投标须提供生产厂家的正式授权书

【答案】CDE。

三、设备采购的评标

【考生必掌握】

1. 综合评估法

（1）综合评估法的适用面广，可用于技术含量高、工艺或技术方案复杂的大型或成套设备等招标项目。

（2）价格因素及评价值。

将对招标项目的评价因素分成价格、商务、技术、服务等一级评价因素，并可再将一级评价因素细分为若干二级评价因素。

加权后的评价值称为加权评价值：加权评价值 = 评价值 × 权重

每个评标委员会成员对评价因素响应值的评价结果称为独立评价值，评标委员会对评价因素响应值的评价结果形成评价值。

评价值 = 评标委员会成员的有效独立评价值之和 / 有效评委数

最优的评价因素响应值得最高评价值，该最高评价值称为基准评价值，其余的评价因素响应值将依据其优劣程度获得相应的评价值。

（3）价格因素的评价。

1）按照招标文件的价格评价函数（评价标准）计算投标价格的评价值。

2）招标文件如设置最高投标限价的，招标文件中应明确最高投标限价金额或最高投标限价的计算方法。若投标人的投标价格超出最高投标限价，其标将被否决。

（4）综合评价值的计算。

1）若规定先评价后加权，则投标综合评价值等于第一级各评价因素的加权评价值之和。

2）若规定先加权后评价，则投标综合评价值等于第一级各评价因素的权重评价值之和。

2. 评标价法

评标价法是以货币价格作为评价指标的评价方法，依据招标设备标的性质不同，可采用最低评标价法和以设备寿命周期成本为基础的评标价法。

以设备寿命周期成本为基础的评标价法适用于采购生产线、成套设备、车辆等运行期内各种费用较高的货物，该方法是在评标价的基础上，进一步加上一定运行年限内的费用作为评审价格。这些以贴现值计算的费用包括：

（1）估算寿命期内所需的燃料消耗费；

（2）估算寿命期内所需备件及维修费；

（3）估算寿命期残值。

【历年这样考】

1.【2023年真题】某建设工程项目所需设备物资通过公开招标方式采购时，适合考虑寿命周期成本采用评标价法进行评标的采购对象是（　　）。

A. 建筑钢材　　　　　　　　　　　　B. 电线电缆

C. 预拌混凝土　　　　　　　　　　　D. 成套设备

【答案】D。

2.【2022年真题】采用综合评估法对机电产品采购进行评标时，每一位评标委员会成员对评价因素响应值的评价结果称为（　　）。

A. 加权评价值　　　　　　　　　　　B. 最高评价值

C. 独立评价值　　　　　　　　　　　D. 最低评价值

【答案】C。

3.【2022年真题】采用以设备寿命期成本为基础的评标价法进行设备采购评标时，需要以贴现值计算的费用有（　　）。

A. 估算寿命期内所需备件费用　　　　B. 估算寿命期内维修费用

C. 估算寿命期残值　　　　　　　　　D. 估算寿命期内所需燃料消耗费

E. 估算寿命期内所需更新费用

【答案】ABCD。

4.【2021年真题】采用综合评估法进行机电产品采购评标时，投标文件对评价因素的最优响应值称为（　　）。

A. 独立评价值　　　　　　　　　　　B. 加权评价值

C. 综合评价值　　　　　　　　　　　D. 基准评价值

【答案】D。

5.【2021年真题】采用综合评估法进行机电产品采购评标时，可作为一级评价因素的有（　　）。

A. 产地　　　　　　　　　　　　　　B. 包装

C. 技术　　　　　　　　　　　　　　D. 服务

E. 商务

【答案】CDE。

6.【2020年真题】关于投标限价的说法，正确的是（　　）。

A. 招标文件中可设置最低投标限价的具体金额

B. 招标文件中应规定投标价低于最高投标限价的幅度

C. 投标人的投标价超出最高投标限价时，应增加其评标价格

D. 招标人可在招标文件中仅规定最高投标限价的计算方法

【答案】D。

【还会这样考】

设备采购的评标采用综合评估法，在计算综合评价值时，若招标文件规定先评价后加权的，则投标综合评价值等于（　　）。

A.第一级各评价因素的加权评价值之和

B.第二级各评价因素的加权评价值之和

C.第一级各评价因素的权重评价值之和

D.第二级各评价因素的权重评价值之和

【答案】A。

第五章

建设工程勘察设计合同管理

微信扫码 免费听课

第一节　工程勘察合同订立和履行管理

一、建设工程勘察合同文件的优先解释顺序

【考生必掌握】

除专用合同条款另有约定外，解释合同文件的优先顺序如下：（1）合同协议书；（2）中标通知书；（3）投标函及投标函附录；（4）专用合同条款；（5）通用合同条款；（6）发包人要求；（7）勘察费用清单；（8）勘察纲要；（9）其他合同文件。

[助记口诀] 协议通知投标函；专通要求费清纲。

【历年这样考】

1.【2022年真题】根据《标准勘察招标文件》中的通用合同条款，合同文件优先解释顺序正确的是（　　）。

A. 专用合同条款—勘察费用清单—发包人要求—勘察纲要

B. 发包人要求—勘察费用清单—勘察纲要—专用合同条款

C. 专用合同条款—发包人要求—勘察纲要—勘察费用清单

D. 专用合同条款—发包人要求—勘察费用清单—勘察纲要

【答案】D。

2.【2020年真题】根据《标准勘察招标文件》中的通用合同条款，下列工程勘察合同组成文件中，优先解释顺序排在中标通知书之前的是（　　）。

A. 合同协议书 　　　　　　　　　　B. 专用合同条款

C. 勘察费用清单 　　　　　　　　　D. 通用合同条款

【答案】A。

【想对考生说】

本考点为高频考点，除上述两种考核形式外，2023年以序号排序的形式进行了考核，难度同第1题。此处考核形式较为全面，此处不再为考生提供更多练习题。

二、订立建设工程勘察合同时应约定的内容

【考生必掌握】

1. 发包人应向勘察人提供的文件资料

发包人应及时向勘察人提供下列文件资料，并对其准确性、可靠性负责，通常包括：

（1）本工程的批准文件（复印件），以及用地（附红线范围）、施工、勘察许可等批件（复印件）。

（2）工程勘察任务委托书、技术要求和工作范围的地形图、建筑总平面布置图。

（3）勘察工作范围已有的技术资料及工程所需的坐标与标高资料。

（4）勘察工作范围地下已有埋藏物的资料及具体位置分布图。

2. 发包人与勘察人的义务

发包人与勘察人的义务，见表5-1。

发包人与勘察人的义务 表5-1

发包人义务	勘察人义务
（1）遵守法律。	（1）遵守法律。
（2）发出开始勘察通知。	（2）依法纳税。
（3）办理证件和批件。	（3）完成全部勘察工作。
（4）支付合同价款。	（4）保证勘察作业规范、安全和环保。
（5）提供勘察资料	（5）避免勘探对公众与他人的利益造成损害

【想对考生说】

（1）关于发包人与勘察人义务的具体内容要有所了解。

（2）发包人与勘察人的义务中，有一项是相同的，即：遵守法律。

【历年这样考】

1.【2023年真题】根据《标准勘察招标文件》，需要由勘察人准备的文件资料是（　　）。

A. 工程勘察项目机构人员安排报告　　　　B. 工程勘察任务委托书

C. 勘察工作范围内地下埋葬物资料　　　　D. 工程所需坐标与标高资料

【答案】 A。

2.【2022年真题】根据《标准勘察招标文件》中的通用合同条款，勘探场地临时设施的搭设、维护、管理和拆除的责任和义务应由（　　）承担。

A. 发包人　　　　　　　　　　　　　　　　B. 勘察人

C. 发包人和勘察人共同　　　　　　　　　　D. 勘察人和设计人共同

【答案】 B。

3.【2020年真题】根据《标准勘察招标文件》中的通用合同条款，发包人应向勘

察人提供的文件资料是（　　）。

  A. 施工测量放线成果   B. 岩土工程钻探方案

  C. 标志桩定位报告   D. 建筑总平面布置图

  【答案】D。

【还会这样考】

  根据《建设工程勘察合同（示范文本）》（GF—2016—0203），发包人义务包括（　　）。

  A. 发出开始勘察通知   B. 依法纳税

  C. 办理证件和批件   D. 遵守法律

  E. 支付合同价款

  【答案】ACDE。

三、建设工程勘察合同履行管理

采分点1 项目负责人

【考生必掌握】

  1. 项目负责人的更换、职责代行

  项目负责人的更换、职责代行如图 5-1 所示。

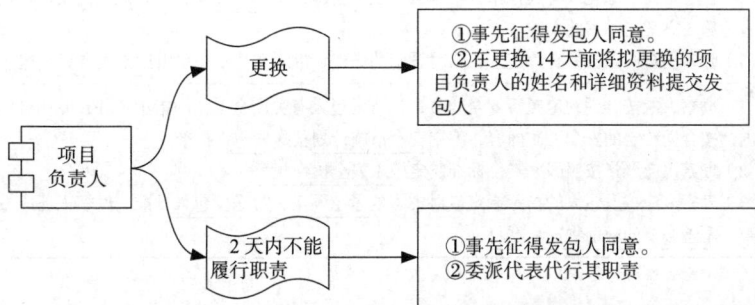

图 5-1 项目负责人的更换、职责代行

  2. 项目负责人的职责

  （1）项目负责人应按合同约定以及发包人要求，负责组织合同工作的实施。

  （2）在情况紧急且无法与发包人取得联系时，采取保证工程和人员生命财产安全的紧急措施，并在采取措施后 24 小时内向发包人提交书面报告。

【还会这样考】

  根据《建设工程勘察合同（示范文本）》（GF—2016—0203），勘察人应按合同协议书的约定指派项目负责人，勘察人更换项目负责人的应当（　　）。

  A. 事先通知发包人

  B. 事先征得发包人同意

C. 在更换 14 天前将拟更换的项目负责人的姓名和详细资料提交发包人

D. 在更换 28 天前将拟更换的项目负责人的姓名和详细资料提交发包人

E. 在更换后的 14 天内，将更换的项目负责人的姓名和详细资料提交发包人

【答案】BC。

采分点 2　勘察要求

【考生必掌握】

建设工程勘察要求见表 5-2。

建设工程勘察要求　　　　　　　　　　　　　　　　表 5-2

项目	要求
勘探	（1）勘察人对于勘察方法的正确性、适用性和可靠性完全负责。 （2）勘察人布置勘探工作时，应当充分考虑勘探方法对于自然环境、周边设施、建构筑物、地下管线、架空线和其他物体的影响，采用切实有效的措施进行防范控制，不得造成损坏或中断运行，否则由此导致的费用增加和（或）周期延误由勘察人自行承担。 （3）勘察人应在标定的孔位处进行勘探，不得随意改动位置
试验	（1）勘察人的试验室应当通过行业管理部门认可的 CMA 计量认证，具有相应的资格证书、试验人员和试验条件，否则应当委托第三方试验室进行室内试验。 （2）试验报告的格式应当符合 CMA 计量认证体系要求，加盖 CMA 章并由试验负责人签字确认；试验负责人应当通过计量认证考核，并由项目负责人授权许可
临时占地和设施	（1）勘察人应当根据勘察服务方案制订临时占地计划，报请发包人批准。 （2）位于道路、绿化或者其他市政设施内的临时占地，由勘察人向行政管理部门报建申请，按照要求制定占地施工方案，并据此实施。 （3）除专用合同条款另有约定外，临时设施的修建、拆除和恢复费用由勘察人自行承担
安全作业	（1）勘察人应按合同约定履行安全职责，执行发包人有关安全工作的指示，并在专用合同条款约定的期限内，按合同约定的安全工作内容，编制安全措施计划报送发包人批准。 （2）勘察人应严格按照国家安全标准制定施工安全操作规程。 （3）勘察人应按发包人的指示制定应对灾害的紧急预案，报送发包人批准。勘察人还应为预案做好安全检查，配置必要的救助物资和器材

【历年这样考】

1.【2022 年真题】根据《标准勘察招标文件》中的通用合同条款，勘察人应履行的安全职责有（　　）。

A. 编制安全措施计划　　　　　　　　　　B. 审批安全施工操作规程

C. 制定施工安全操作规程　　　　　　　　D. 制定应对灾害的紧急预案

E. 编制专项勘察方案

【答案】ACD。

【想对考生说】

关于勘察人的安全职责，2020 年的考试中也曾以多项选择题的形式对其进行了考核。

2.【2021年真题】根据《标准勘察招标文件》中的通用合同条款，勘察人应对勘察方法的（　）完全负责。

A.完备性、可靠性、先进性　　　　　　　B.完备性、正确性、经济性

C.适用性、先进性、经济性　　　　　　　D.正确性、适用性、可靠性

【答案】D。

3.【2021年真题】根据《标准勘察招标文件》中的通用合同条款，对勘察人正式提交的试验报告格式要求是（　）。

A.加盖试验室公章并由试验负责人签字确认

B.加盖试验室公章并由项目负责人签字确认

C.加盖 CMA 章并由项目负责人签字确认

D.加盖 CMA 章并由试验负责人签字确认

【答案】D。

【还会这样考】

根据《标准勘察招标文件》中的通用合同条款，位于道路、绿化或者其他市政设施内的临时占地，由（　）向行政管理部门报建申请，按照要求制定占地施工方案，并据此实施。

A.勘察人　　　　　　　　　　　　　　B.发包人

C.监理人　　　　　　　　　　　　　　D.发包人或发包人代表

【答案】A。

采分点 3　合同价格与支付

【考生必掌握】

1.合同价格

勘察费用实行发包人签证制度。

合同价格应当包括收集资料，踏勘现场，制订纲要，进行测绘、勘探、取样、试验、测试、分析、评估、配合审查等，编制勘察文件，设计施工配合，青苗和园林绿化补偿，占地补偿，扰民及民扰，占道施工，安全防护、文明施工、环境保护，农民工工伤保险等全部费用和国家规定的增值税税金。

【想对考生说】

注意:发包人要求勘察人进行外出考察、试验检测、专项咨询或专家评审时，相应费用不含在合同价格之中，由发包人另行支付。

2.定金或预付款

（1）发包人应在收到定金或预付款支付申请后 28 天内，将定金或预付款支付给勘察人。

（2）勘察服务完成之前，由于不可抗力或其他非勘察人的原因解除合同时，定金

不予退还。

【历年这样考】

1.【2021年真题】根据《标准勘察招标文件》中的通用合同条款，除专用合同条款另有约定外，勘察合同价中应包括的费用有（　　）。

A. 进行测绘、取样、试验、评估的费用

B. 占地及青苗、园林绿化补偿费用

C. 发包人要求勘察人外出考察的费用

D. 因勘察人原因需要对工程进行补充勘察的费用

E. 不可抗力导致勘察人勘察设备损坏的修复费用

【答案】AB。

2.【2020年真题】根据《标准勘察招标文件》中的通用合同条款，勘察费用实行（　　）制度。

A. 发包人签证 　　　　　　　　　　B. 勘察人签证

C. 监理人签证 　　　　　　　　　　D. 监理人核查

【答案】A。

【还会这样考】

1. 根据《建设工程勘察合同（示范文本）》（GF—2016—0203），发包人应在收到定金或预付款支付申请后（　　）天内，将定金或预付款支付给勘察人。

A. 7 　　　　　　　　　　　　　　　B. 14

C. 28 　　　　　　　　　　　　　　D. 52

【答案】C。

2. 根据《建设工程勘察合同（示范文本）》（GF—2016—0203），除专用合同条款另有约定外，合同价格应当包括（　　）等全部费用。

A. 踏勘现场 　　　　　　　　　　　B. 专家评审

C. 制订纲要 　　　　　　　　　　　D. 占道施工

E. 编制勘察文件

【答案】ACDE。

采分点4　违约责任

【考生必掌握】

1. 勘察人违约的责任

勘察人发生违约情况时，发包人可向勘察人发出整改通知，要求其在限定期限内纠正；逾期仍不纠正的，发包人有权解除合同并向勘察人发出解除合同通知。勘察人应当承担由于违约所造成的费用增加、周期延误和发包人损失等。

2. 发包人违约的责任

发包人发生违约情况时，勘察人可向发包人发出暂停勘察通知，要求其在限定期限内纠正；逾期仍不纠正的，勘察人有权解除合同并向发包人发出解除合同通知。发包人应当承担由于违约所造成的费用增加、周期延误和勘察人损失等。

【历年这样考】

【2022年真题】根据《标准勘察招标文件》中的通用合同条款，因勘察人使用的勘察设备不能满足合同约定的勘察成果质量要求，发包人要求勘察人更换勘察设备，勘察人及时进行了更换，由此增加的费用由（　　）承担。

A. 发包人　　　　　　　　　　　　B. 勘察人

C. 设备供应商　　　　　　　　　　D. 发包人和勘察人共同

【答案】B。

【想对考生说】

该采分点考核的主要是勘察合同双方违约责任的承担，不仅要熟悉承担主体，还要注意了解导致发包人和勘察人的违约情形。

第二节　工程设计合同订立和履行管理

一、设计合同附件格式及订立设计合同时应约定的内容

【考生必掌握】

1. 合同附件格式

九部委设计合同文本合同附件格式包括合同协议书和履约保证金格式。履约保证金格式要求，如采用银行保函，应当提供无条件地、不可撤销担保。担保有效期自发包人与设计人签订的合同生效之日起至发包人签收最后一批设计成果文件之日起28日后失效。

2. 设计依据

除专用合同条款另有约定外，设计依据如下：

（1）适用的法律、行政法规及部门规章；

（2）与工程有关的规范、标准、规程；

（3）工程基础资料及其他文件；

（4）本设计服务合同及补充合同；

（5）本工程勘察文件和施工需求；

（6）合同履行中与设计服务有关的来往函件；

（7）其他设计依据。

【想对考生说】

设计依据与勘察依据非常相像，且第（1）、（2）、（3）项完全相同，建议考生对比记忆。

3. 发包人应向设计人提供的文件资料

包括基础资料、勘察报告、设计任务书等，发包人应按约定的数量和期限交给设计人。

4. 发包人与设计人的义务

发包人与设计人的义务，见表5-3。

发包人与设计人的义务　　　　　　　　　　　　　　　　表5-3

发包人义务	设计人义务
（1）遵守法律。 （2）发出开始设计通知。 （3）办理证件和批件。 （4）支付合同价款。 （5）提供设计资料	（1）遵守法律。 （2）依法纳税。 （3）完成全部设计工作

【2022年真题】根据《标准设计招标文件》中的通用合同条款，除专用合同条款另有约定外，工程设计依据有（　　）。

A. 项目建议书　　　　　　　　　　　B. 与工程有关的规范、标准、规程

C. 工程基础资料　　　　　　　　　　D. 适用的法律、法规及部门规章

E. 工程勘察文件

【答案】BCDE。

【还会这样考】

发包人应向设计人提供的文件资料包括（　　）等。

A. 工程批准文件　　　　　　　　　　B. 基础资料

C. 设计任务书　　　　　　　　　　　D. 勘察报告

E. 施工许可证

【答案】BCD。

二、建设工程设计合同履行管理

【考生必掌握】

1. 发包人的管理

发包人代表：可以授权发包人的其他人员负责执行其指派的一项或多项工作。发包人代表应将被授权人员的姓名及其授权范围通知设计人。被授权人员在授权范围内发出的指示视为已得到发包人代表的同意，与发包人代表发出的指示具有同等效力。

监理人：未经发包人批准，监理人无权修改合同。

答复：发包人应在专用合同条款约定的时间之内，对设计人书面提出的事项作出书面答复；逾期没有做出答复的，视为已获得发包人的批准。

2. 项目负责人

设计人应按合同协议书的约定指派项目负责人，并在约定的报限内到职。设计人

更换项目负责人应事先征得<u>发包人</u>同意，并应在更换 <u>14 天</u>前将拟更换的项目负责人的姓名和详细资料提交发包人。

在情况紧急且无法与发包人取得联系时，可采取保证工程和人员生命财产安全的紧急措施，并在取措施后 <u>24 小时</u>内向发包人提交书面报告。

3. 一般设计要求

（1）发包人应当遵守法律和规范标准，不得以任何理由要求设计人违反法律和工程质量、安全标准进行设计服务，降低工程质量。

（2）各项规范、标准和发包人要求之间如对同一内容的描述不一致时，应以<u>描述更为严格的内容</u>为准。

4. 设计文件要求

（1）设计文件的编制应符合法律法规、规范标准的强制性规定和发包人要求，相关设计依据应完整、准确、可靠，设计方案论证充分，计算成果规范可靠，并能够实施。

（2）设计服务应当根据法律、规范标准和发包人要求，保证工程的<u>合理使用寿命年限</u>，并在设计文件中予以注明。

（3）设计文件的深度应满足本合同相应设计阶段的规定要求，满足发包人的下步工作需要，并应符合国家和行业现行规定。

（4）设计文件必须保证<u>工程质量和施工安全</u>等方面的要求，按照有关法律法规规定在设计文件中提出<u>保障施工作业人员安全和预防生产安全事故</u>的措施建议。

5. 开始设计

（1）符合专用合同条款约定的开始设计条件的，发包人应提前 <u>7 天</u>向设计人发出开始设计通知。

（2）设计服务期限自开始设计通知中载明的开始设计日期起计算。

（3）除专用合同条款另有约定外，因<u>发包人原因</u>造成合同签订之日起 <u>90 天</u>内未能发出开始设计通知的，设计人有权提出价格调整要求，或者解除合同。发包人应当承担由此增加的费用和（或）周期延误。

6. 发包人审查设计文件

发包人对设计文件的审查，见表5-4。

发包人对设计文件的审查

表 5-4

项目	内容
审查标准	符合法律、规范标准、合同约定和发包人要求
审查期限	自文件接收之日起不应超过 14 天。发包人逾期未做出审查结论且未提出异议的，视为设计人的设计文件已经通过发包人审查
审查不通过的处理	发包人审查后不同意设计文件的，应以书面形式通知设计人，说明审查不通过的理由及其具体内容。设计人应根据发包人的审查意见修改完善设计文件，并重新报送发包人审查，审查期限重新起算

7. 合同价格

（1）设计费用实行发包人签证制度。

（2）除专用合同条款另有约定外，合同价格应当包括收集资料、踏勘现场，进行设计、评估、审查等，编制设计文件，施工配合等全部费用和国家规定的增值税税金。

（3）发包人要求设计人进行外出考察、试验检测、专项咨询或专家评审时，<u>相应费用不含在合同价格之中，</u>由发包人另行支付。

8. 违约责任

合同履行中的违约责任见表 5-5。

合同履行中的违约责任   表 5-5

项目	违约责任的情况
设计人	（1）设计文件不符合法律以及合同约定。 （2）设计人转包、违法分包或者未经发包人同意擅自分包。 （3）设计人未按合同计划完成设计，从而造成工程损失。 （4）设计人无法履行或停止履行合同。 （5）设计人不履行合同约定的其他义务
发包人	（1）发包人未按合同约定支付设计费用。 （2）发包人原因造成设计停止。 （3）发包人无法履行或停止履行合同。 （4）发包人不履行合同约定的其他义务

【历年这样考】

1.【2023 年真题】根据《标准设计招标文件》，发包人在专用条款约定的时间内，对设计人书面提出的事项未及时做出答复，则（　　）。

A. 视为发包人拒绝承包人提出的请求

B. 应当再次提醒发包人

C. 视为已获得发包人的批准

D. 属于发包人违约，发包人应承担违约责任

【答案】C。

2.【2023 年真题】基准日后有新规，勘察 / 设计人应向发包人提交遵守新规定的建议，发包人在收到建议后（　　）天内发出是否遵守新规定的指示。

A. 7   B. 14

C. 3   D. 21

【答案】A。

3.【2022 年真题】根据《标准设计招标文件》中的通用合同条款，为保证工程质量和施工安全，设计文件应依法提出相关措施建议的内容包括（　　）。

A. 设计人员现场服务的安全保护措施

B. 监理人现场人员的安全保护措施

C. 预防生产事故和保护施工作业人员的安全措施

D. 业主方工程施工的安全生产方案

【答案】C。

4.【2022年真题】某工程因原设计的基础处理强夯作业影响邻近工地的居民生活，为此通过设计变更对基础进行处理，该变更增加的合同价格应由（ ）承担。

A. 发包人　　　　　　　　　　　　B. 承包人

C. 设计人　　　　　　　　　　　　D. 承包人和发包人共同

【答案】A。

5.【2022年真题】根据《标准设计招标文件》中的通用合同条款，设计合同履行过程中，发包人根据用户需求，增加了设备运行的工况条件，设计人为满足新增的设备运行工况，修改设计方案，并完成了相应设计变更工作，由此导致了设计人费用增加，该增加的设计费用应由（ ）承担。

A. 设计人　　　　　　　　　　　　B. 提出增加设备运行工况的用户

C. 设计人和发包人共同　　　　　　D. 发包人

【答案】D。

6.【2022年真题】根据《标准设计招标文件》中的通用合同条款，设计合同的合同价格应包括的费用内容有（ ）。

A. 征地补偿费用　　　　　　　　　B. 青苗和园林绿化补偿费用

C. 设计、评估、审查工作费用　　　D. 踏勘现场工作费用

E. 施工配合费用

【答案】CDE。

7.【2021年真题】根据《标准设计招标文件》中的通用合同条款，设计人更换项目负责人应履行的程序是（ ）。

A. 事先征得发包人同意，并在更换14天前将姓名及详细资料提交发包人

B. 事先征得发包人同意，并在更换的项目负责人到岗前一天将资料提交发包人

C. 事先口头通知发包人，并在更换的项目负责人到岗时向发包人提交书面材料

D. 更换14天前将姓名及详细资料提交监理人，监理人在7天内做出答复

【答案】A。

8.【2021年真题】根据《标准设计招标文件》中的通用合同条款，工程设计应执行的规范、标准和发包人要求之间对同一内容的描述不一致时，应以（ ）为准。

A. 描述更为严格的内容　　　　　　B. 规范标准描述的内容

C. 发包人要求所描述的内容　　　　D. 行业惯例遵循的内容

【答案】A。

9.【2020年真题】根据《标准设计招标文件》中的通用合同条款，发包人代表授

权发包人其他人员负责其指派的工作时，应将被授权人员的姓名和（　　）通知设计人。

A. 职业资格   B. 授权范围

C. 技术职称   D. 授权时间

【答案】B。

【还会这样考】

除专用合同条款另有约定外，因发包人原因造成合同签订之日起（　　）天内未能发出开始设计通知的，设计人有权提出价格调整要求，或者解除合同。

A. 15   B. 30

C. 60   D. 90

【答案】D。

第一节　施工合同标准文本

【考生必掌握】

【想对考生说】

　　施工合同标准文本的相关内容虽然在教材中所占的篇幅不多，但考查频次却非常高，基本年年都会考，2019 年就考查了四道题目，下面的每句话都可能会考到，考生一定要多看几遍。

　　（1）《标准施工合同》提供了通用条款、专用条款和签订合同时采用的合同附件格式。

【想对考生说】

　　《标准施工招标文件》的适用范围，曾在 2018 年的考试中考过一道单项选择题，在记忆《标准施工招标文件》的适用范围时还应联想到与之相对应的《简明标准施工招标文件》是适用于工期在 12 个月内的小型项目施工。

　　（2）各行业编制的标准施工合同应不加修改地引用"通用合同条款"。

　　（3）"专用合同条款"可结合施工项目的具体特点，对标准的"通用合同条款"进行补充、细化。除"通用合同条款"明确"专用合同条款"可作出不同约定外，补充和细化的内容不得与"通用合同条款"的规定相抵触，否则抵触内容无效。

　　（4）专用条款内需要补充细化的内容应与通用条款的条或款的序号一致。

　　（5）《标准施工合同》中给出的合同附件格式，是订立合同时采用的规范化文件，包括合同协议书、履约担保和预付款担保三个文件，具体内容如图 6-1 所示。

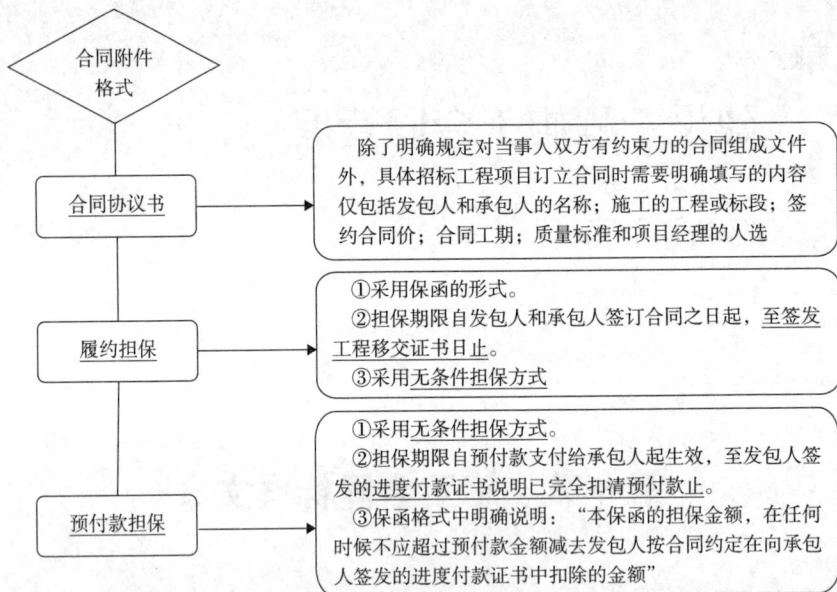

图 6-1　合同附件格式

【想对考生说】

　　注意：合同协议书是合同组成文件中<u>唯一需要发包人和承包人同时签字盖章</u>的法律文书。

【历年这样考】

1.【2023 年真题】《标准施工招标文件》给出的合同附件格式有（　　）。

A. 工程量清单表 　　　　　　　　　　B. 联合体协议书

C. 合同协议书 　　　　　　　　　　　D. 履约担保

E. 预付款担保

【答案】CDE。

【想对考生说】

　　本题是对合同附件格式内容的考查，这也是一个重复考查频次很高的点，在 2014 年、2016 年、2017 年、2019 年、2022 年的考试中均考核过。

　　2.【2020 年真题】根据《标准施工招标资格预审文件和标准施工招标文件暂行规定》，各行业编制本行业标准施工招标文件时应遵循的原则是（　　）。

　　A. 结合行业特点，编制本行业的"通用合同条款"

　　B. "专用合同条款"对"通用合同条款"的补充、细化，不得与"通用合同条款"相抵触

　　C. 对"通用合同条款"和"专用合同条款"应不加修改地引用

D. 对"通用合同条款"的修改，须征得行业主管部门的同意

【答案】B。

3.【2020年真题】根据《标准施工招标文件》中的通用合同条款，关于预付款担保金额的说法，正确的有（　　）。

A. 承包人提交的担保金额应与收到的合同约定的预付款金额保持一致

B. 发包人从工程进度款中已扣除部分预付款后，担保金额可相应递减

C. 担保金额在发包人未扣除全部预付款前应高于合同约定的预付款金额

D. 担保金额不应低于预付款金额减去已向承包人签发的进度款支付证书中扣除的金额

E. 担保金额必须保持与剩余预付款额相同

【答案】AB。

4.【2019年真题】关于《标准施工招标文件》合同通用条款和专用条款的说法，正确的是（　　）。

A. 通用条款中适用于招标项目的条或款应在专用条款中体现

B. 专用条款需要补充细化的内容应与通用条款的条或款的序号一致

C. 通用条款可以根据工程实际由合同当事人协商调整

D. 专用条款可以约定合同当事人放弃部分通用条款

【答案】B。

5.【2019年真题】下列合同文件中，属于《标准施工招标文件》中施工合同组成文件中需要发包人和承包人同时签字盖章的文件是（　　）。

A. 专用条款　　　　　　　　　　　B. 通用条款

C. 中标通知书　　　　　　　　　　D. 合同协议书

【答案】D。

6.【2018年真题】根据《标准施工合同》履约担保的期限自发包人和承包人订立合同之日起至（　　）之日止。

A. 工程竣工验收　　　　　　　　　B. 工程缺陷责任期满

C. 签发工程移交证书　　　　　　　D. 签发最终结清证书

【答案】C。

7.【2017年真题】根据《标准施工合同》，合同协议书中除明确规定合同组成文件外，双方在订立合同时还必须填写的内容包括（　　）。

A. 结算方式　　　　　　　　　　　B. 预付款支付时间

C. 质量标准　　　　　　　　　　　D. 合同争议解决方式

【答案】C。

【想对考生说】

　　本题考查的是合同协议书中需要明确填写的内容，这是又一个重复考查频次很高的点，2015年、2016年的考试中均考过。

8.【2016 年真题】根据《标准施工合同》，关于预付款担保方式及生效的说法，正确的是（　　）。

　　A. 采用无条件担保方式，并自预付款支付给承包人起生效

　　B. 采用有条件担保方式，并自预付款支付给承包人起生效

　　C. 采用无条件担保方式，并自合同协议书签订之日起生效

　　D. 采用有条件担保方式，并自合同协议书签订之日起生效

【答案】A。

【想对考生说】

（1）本题是对预付款担保方式及生效时间的考查。与之相对应的履约担保的担保方式及生效时间也是需要掌握的，2014 年的考试中曾考查过一道多项选择题，在 2021 年的考试中考查过一道单项选择题。

（2）在 2015 年的考试中曾经对履约担保和预付款担保的担保形式考查了一道单项选择题，题目是这样设置的："根据《标准施工合同》，履约担保和预付款担保采用的担保形式是（　　）。"

（3）上述历年真题已涵盖了所有可考点，下面就不再为考生准备习题了。

第二节　施工合同有关各方管理职责

【考生必掌握】

监理人的合同管理地位和职责，见表 6-1。

监理人的合同管理地位和职责　　　　　　　　　　　　　　　　表 6-1

项目	内容
受发包人委托对施工合同的履行进行管理	（1）在授权范围内：发出指示、检查施工质量、控制进度等现场管理工作。 （2）在发包人授权范围内独立处理合同履行过程中的有关事项、行使通用条款规定的，以及具体施工合同专用条款中说明的权力。 （3）在合同规定的权限范围内，独立处理或决定有关事项（如单价的合理调整、变更估价、索赔等）。 注意：括号中的内容可能会考查一道多项选择题。 （4）承包人收到由监理人发出的任何指示，视为已得到发包人的批准，应遵照执行
居于施工合同履行管理的核心地位	（1）监理人应公平合理地处理合同履行过程中涉及的有关事项。 （2）除合同另有约定外，承包人只从总监理工程师或被授权的监理人员处取得指示
监理人的指示	（1）监理人未能按合同约定发出指示、指示延误或指示错误而导致承包人施工成本增加和（或）工期延误，由发包人承担赔偿责任。 （2）监理人无权免除或变更合同约定的发包人和承包人权利、义务和责任

【历年这样考】

1.【2022年真题】根据《标准施工招标文件》中的通用合同条款，关于监理人职责和权利的说法，正确的是（　　）。

A. 监理人在施工合同履行过程中行使任何权力前均需经发包人批准

B. 监理人有权变更施工合同约定的承包人的义务

C. 监理人无权免除施工合同约定的发包人和承包人的责任

D. 监理人对工程材料检验合格则视为其批准，可减轻承包人的责任和义务

【答案】C。

2.【2021年真题】根据《标准施工招标文件》中的通用合同条款，监理人受发包人委托管理施工合同履行的权力有（　　）。

A. 在发包人授权范围内发出监理人指示

B. 根据合同约定向承包人发出变更指示

C. 根据工程实际情况免除合同约定的承包人部分义务

D. 与施工合同当事人商定变更工程价款

E. 检查工程实体、材料和设备质量

【答案】ABDE。

3.【2020年真题】根据《标准施工招标文件》中的通用合同条款，关于监理人指示的说法，正确的有（　　）。

A. 监理人指示错误给承包人造成的损失应由发包人承担赔偿责任

B. 监理人根据工程情况变化可以指示免除承包人的部分合同责任

C. 监理人未按合同约定发出的指示延误导致承包人增加的施工成本应由发包人承担

D. 监理人根据工程设计变更指示可以改变承包人的有关合同义务

E. 监理人对承包人施工进度计划变更的批准应视为免除承包人工期延误的责任

【答案】AC。

【想对考生说】

2015年针对监理人的指示考查了一道单项选择题，该采分点一般会以判断正确与错误说法的方式提问。

因为上述历年真题已详尽包含了所有可考的点与题型，下面就不再准备习题了。

第三节　施工合同订立

一、标准施工合同文件

【考生必掌握】

《标准施工合同》的通用条款中规定，合同的组成文件包括：

（1）合同协议书；

（2）中标通知书；

（3）投标函及投标函附录；

（4）专用合同条款；

（5）通用合同条款；

（6）技术标准和要求；

（7）图纸；

（8）已标价的工程量清单；

（9）其他合同文件——经合同当事人双方确认构成合同的其他文件。

以上合同文件序号为优先解释的顺序。

> 助记口诀：
> 协议通知投标函；
> 专通标准指（纸）清单。

【历年这样考】

1.【2019年真题】下列合同文件中，属于《标准施工招标文件》中施工合同文本的合同文件，在专用条款没有另行约定的情况下，其正确的解释次序是（　　）。

A. 中标通知书、专用合同条款、通用合同条款、合同协议书

B. 合同协议书、通用合同条款、专用合同条款、中标通知书

C. 合同协议书、中标通知书、专用合同条款、通用合同条款

D. 中标通知书、合同协议书、专用合同条款、通用合同条款

【答案】C。

【想对考生说】

合同文件一共有两个采分点：一是组成；二是解释次序。本题即是对合同文件解释次序的考查，题目难度不大，只要把先后顺序记住了，无论怎么考得分是没有问题的。

2.【2018年真题】《标准施工合同》通用条款规定的合同组成文件包括（　　）。

A. 招标文件　　　　　　　　B. 投标函及投标函附录

C. 中标通知书　　　　　　　D. 工程量清单

E. 合同协议书

【答案】BCE。

【想对考生说】

（1）本题是对合同组成的考查，并不像合同解释次序考的那样高频，只有2014年和2018年考查了这一题型。

（2）这一部分内容的考查方式及侧重点比较明确，无非就是上面两道真题的形式，因此下面就不再准备习题了。

二、订立合同时需要明确的内容

【考生必掌握】

1. 施工现场范围和施工临时占地

发包人应明确说明施工现场永久工程的占地范围并提供征地图纸，以及属于发包人施工前期配合义务的有关事项。

2. 发包人提供图纸的期限和数量

标准施工合同适用于发包人提供设计图纸，承包人负责施工的建设项目。由于初步设计完成后即可进行招标，因此订立合同时必须明确约定发包人陆续提供施工图纸的期限和数量。

3. 发包人提供的材料和工程设备

对于包工部分包料的施工承包方式，往往设备和主要建筑材料由发包人负责提供。

4. 异常恶劣的气候条件范围

"异常恶劣的气候条件"属于发包人的责任。"不利气候条件"对施工的影响则属于承包人应承担的风险。

5. 物价浮动的合同价格调整

（1）基准日期

1）通用条款规定的基准日期指投标截止时间前第 28 天的日期；

2）承包人以基准日期前的市场价格编制工程报价，长期合同中调价公式中的可调因素价格指数来源于基准日的价格；

3）基准日期后，因法律法规、规范标准等的变化，导致承包人在合同履行中所需要的工程成本发生约定以外的增减时，相应调整合同价款。

（2）调价条款

合同履行期间市场价格浮动对施工成本造成的影响是否允许调整合同价格，要视合同工期的长短来决定，具体内容如图 6-2 所示。

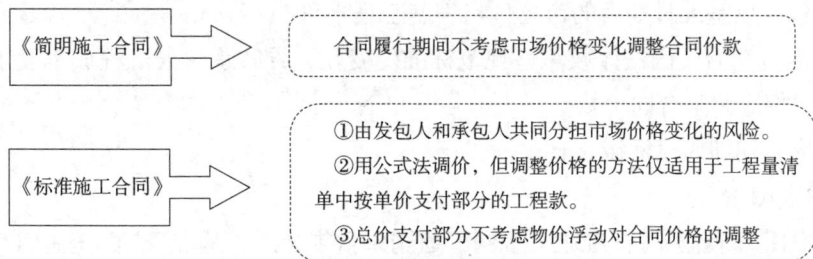

图 6-2　调价条款

（3）公式法调价

施工过程中每次支付工程进度款时，用该公式综合计算本期内因市场价格浮动应增加或减少的价格调整值。调价公式为：

$$\Delta P = P_0 [A + (B_1 \times F_{t1}/F_{01} + B_2 \times F_{t2}/F_{02} + B_3 \times F_{t3}/F_{03} + \cdots + B_n \times F_{tn}/F_{0n}) - 1]$$

式中，F_{t1}、F_{t2}、F_{t3}、$\cdots$、F_{tn}——各可调因子的现行价格指数，指约定的付款证书相关周期最后一天的前 42 天的各可调因子的价格指数。

【历年这样考】

1.【2023 年真题】根据《标准施工招标文件》，关于"异常恶劣的气候条件"和"不利气候条件"对施工影响的说法，正确的是（　　）。

A. 两者分别属于"发包人"和"承包人"应承担的风险

B. 两者分别属于"承包人"和"发包人"应承担的风险

C. 两者均属于"发包人"应承担的风险

D. 两者均属于"承包人"应承担的风险

【答案】A。

2.【2023 年真题】根据《标准施工招标文件》，确定调价公式中可调因子的现行价格指数时，应以约定的付款证书相关周期最后一天前（　　）天的相应价格指数为准。

A. 14 　　　　　　　　　　　　　　　　B. 30

C. 42 　　　　　　　　　　　　　　　　D. 56

【答案】C。

3.【2021 年真题】根据《标准施工招标文件》中的通用合同条款，价格调整公式中的定值权重为 0.2 时，可调因子的变值权重之和为（　　）。

A. 0.8 　　　　　　　　　　　　　　　B. 1.0

C. 1.2 　　　　　　　　　　　　　　　D. 1.8

【答案】A。

4.【2019 年真题】关于《标准施工招标文件》的施工合同文本通用合同条款规定的"基准日期"的说法，正确的有（　　）。

A. 承包人以基准日期前的市场价格编制工程报价

B. 长期合同中调价公式中的可调因素价格指数以基准日期的价格为准

C. 承包人以基准日期后的市场价格编制工程报价

D. 基准日期后，因法律政策、规范标准的变化，导致承包人工程成本发生约定以外的增减，相应调整合同价款

E. 基准日期即为投标截止日

【答案】ABD。

5.【2018 年真题】《标准施工合同》通用条款规定的"基准日期"是指（　　）。

A. 投标截止日 　　　　　　　　　　　　B. 开标之日

C. 中标通知书发出之日 　　　　　　　　D. 投标截止日前 28 天

【答案】D。

【想对考生说】

在 2016 年的考试中也对"基准日期"考查了一道单项选择题，考查形式与本题相同。

6.【2016 年真题】根据《标准施工合同》，如果承包人有专利技术且有相应设计资质，双方约定由承包人完成部分工程施工图设计时，需要在订立合同时明确的内容有（　　）。

A. 发包人提交施工图审查的时间　　　　B. 承包人的设计范围

C. 承包人提交设计文件的期限　　　　　D. 承包人提交设计文件的数量

E. 监理人签发图纸修改的期限

【答案】BCDE。

7.【2015 年真题】施工合同履行期间市场价格浮动对施工成本造成影响时，是否允许调整合同价格要视（　　）来决定。

A. 合同工期长短　　　　　　　　　　　B. 材料价格浮动幅度

C. 合同计价方式　　　　　　　　　　　D. 劳动力价格浮动幅度

【答案】A。

【想对考生说】

上述历年真题已详尽包含了所有可考的点与题型，下面就不再准备习题了。

三、明确保险责任

采分点 1　工程保险和第三者责任保险

【考生必掌握】

1. 办理保险的责任

（1）承包人是工程施工的最直接责任人，因此由承包人负责投保"建筑工程一切险""安装工程一切险"和"第三者责任保险"，并承担办理保险的费用。具体的投保内容、保险金额、保险费率、保险期限等有关内容在专用条款中约定。承包人需要变动保险合同条款时，应事先征得发包人同意，并通知监理人。

（2）如果一个建设工程项目的施工采用平行发包的方式，此时由发包人投保为宜。

（3）无论是由承包人还是发包人办理工程险和第三者责任保险，均必须以发包人和承包人的共同名义投保。

2. 保险金不足的补偿

（1）保险金不足的补偿原则是：损失赔偿的不足部分按合同相应条款的约定，由该事件的风险责任方负责补偿。

（2）《标准施工合同》要求在专用条款内约定：永久工程损失的差额由发包人补偿，临时工程、施工设备等损失由承包人负责。

3. 未按约定投保的补偿

（1）如果负有投保义务的一方当事人未按合同约定办理保险，或未能使保险持续有效，另一方当事人可代为办理，所需费用由<u>对方当事人</u>承担。

（2）当负有投保义务的一方当事人未按合同约定办理某项保险，导致受益人未能得到保险人的赔偿，原应从该项保险得到的保险赔偿应由<u>负有投保义务的一方当事人</u>支付。

【历年这样考】

> **【想对考生说】**
>
> 本考点又是一个在教材中所占篇幅不大，但考查频次很高的点。历年真题已经给各位考生指明了复习的方向，相信掌握了下面的题目，得分就没有问题了。

1.【2020 年真题】根据《标准施工招标文件》中的通用合同条款，负有投保义务的一方当事人未按合同约定办理保险，导致受益人未能得到保险人赔偿的，损失赔偿应由（　　）承担。

　　A. 发包人　　　　　　　　　　　　B. 承包人

　　C. 受益人　　　　　　　　　　　　D. 负有投保义务的当事人

【答案】D。

2.【2019 年真题】根据《标准施工招标文件》的施工合同文本通用合同条款，如果一个建设工程项目的施工采用平行发包的方式分别交由多个承包人施工，为防止重复投保或漏保，双方可在专用条款中约定由（　　）投保为宜。

　　A. 发包人　　　　　　　　　　　　B. 由其中一个承包人

　　C. 由多个承包人分别　　　　　　　D. 组成联合体

【答案】A。

3.【2019 年真题】根据《标准施工招标文件》的施工合同文本通用合同条款，采取不足额投保方式投保的，当发生保险事件时，对于损失赔偿不足的部分，采取的处理原则有（　　）。

　　A. 不足的部分按合同相应条款约定，由该事件的风险责任方赔偿

　　B. 保险公司按实际损失的相应比例予以赔偿

　　C. 不足的部分由发包人全部承担

　　D. 永久工程损失的差额由发包人补偿

　　E. 临时工程和施工设备等损失由承包人补偿

【答案】ABDE。

> **【想对考生说】**
>
> 在 2014 年、2018 年的考试中，均对本题中的 A 选项进行了考查，以 2018 年为例，题目是这样设置的："根据《标准施工合同》，工程保险可以采用不足额投保方式，即工程受到保险事件损害时，保险公司赔偿损失后的不足部分，按合同约定由（　　）责任补偿。"这个考点很重要，再次考查的可能性很大。

4.【2018年真题】根据《标准施工合同》通用条款，建筑工程一切险应由（ ）负责投保，并承担保险费用。

A. 发包人   B. 承包人

C. 发包人和承包人   D. 监理人

【答案】B。

【想对考生说】

"建筑工程一切险"以及"第三者责任险"的投保人及保险费用的承担人在2016及2017年的考试中也曾考过。

【还会这样考】

下列关于发包人办理工程保险和第三者责任保险的说法，正确的是（ ）。

A. 由承包人还是发包人办理工程险和第三者责任保险，主要取决于双方的约定

B. 由发包人办理工程险和第三者责任保险的，必须以发包人的名义投保

C. 由发包人办理工程险和第三者责任保险的，必须以承包人的名义投保

D. 当建设工程项目的施工采用平行发包的方式分别交由多个承包人施工时，由发包人投保工程保险和第三者责任保险为宜

【答案】D。

采分点2 人员工伤事故保险和人身意外伤害保险

【考生必掌握】

发包人和承包人应按照相关法律规定为履行合同的本方人员缴纳工伤保险费，并分别为自己现场项目管理机构的所有人员投保人身意外伤害保险。

【历年这样考】

【2022年真题】根据《标准施工招标文件》中的通用合同条款，在工程整个施工期间应为其现场雇用的全部人员投保人身意外伤害险并缴纳保险费的投保人是（ ）。

A. 发包人和设计人   B. 承包人和分包人

C. 发包人和监理人   D. 发包人和承包人

【答案】D。

四、发包人的义务

【考生必掌握】

（1）应按约定的时间和范围向承包人提供施工场地。

（2）应按约定及时向承包人提供施工场地范围内地下管线和地下设施等有关资料。

（3）负责办理取得出入施工场地的专用和临时道路的通行权。

（4）组织设计单位向承包人和监理人对提供的施工图纸和设计文件进行交底。

（5）约定开工时间。

[助记口诀] 场地、交底约时间；地下管线，通行权。

【历年这样考】

【2021年真题】 根据《标准施工招标文件》中的通用合同条款，属于发包人义务的是（ ）。

A. 组织设计交底 B. 编制施工环保措施计划

C. 审批施工组织设计 D. 组织论证专项施工方案

【答案】 A。

> **【想对考生说】**
>
> 本题考查的是发包人在工程施工准备阶段的义务，属于对"义务内容"的考查。在2016年、2021年考查的都是单项选择题，在2017年、2018年考查的都是多项选择题。在出题时也可以反过来在题干中描述"义务内容"让考生选出题目所述属于谁的义务，例如："【2014年真题】根据《标准施工合同》，施工准备阶段设计交底应由（ ）组织。"
>
> 还需要注意的一点是避免与承包人义务构成混淆。

【还会这样考】

根据《标准施工合同》，施工场地范围内地下管线和地下设施等有关资料应由（ ）提供。

A. 设计人 B. 监理人

C. 发包人 D. 总承包人

【答案】 C。

五、承包人的义务

【考生必掌握】

（1）现场查勘。现场查勘的相关知识，如图 6-3 所示。

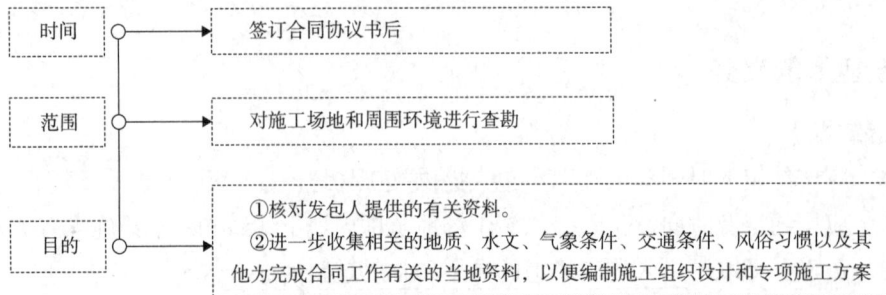

图 6-3　现场查勘

（2）编制施工实施计划。具体来说包括：

①按合同约定的工作内容和施工进度要求，编制施工组织设计和施工进度计划；按照《建设工程安全生产管理条例》规定，在施工组织设计中应针对深基坑工程、地下暗挖工程、高大模板工程、高空作业工程、深水作业工程、大爆破工程的施工编制专项施工方案。对于前 3 项危险性较大的分部分项工程的专项施工，还需经 5 人以上专家论证方案的安全性和可靠性。

②提交工程质量保证措施文件（包括质量检查机构的组织和岗位责任、质检人员的组成、质量检查程序和实施细则等，报送监理人审批）。

③编制施工环保措施计划，报送监理人审批。

（3）修建、维修、养护和管理施工所需的临时道路，以及为开始施工所需的临时工程和必要的设施。

（4）依据监理人提供的测量基准点、基准线和水准点及其书面资料，测设施工控制网，并将施工控制网点的资料报送监理人审批。

（5）提出开工申请。

【历年这样考】

1.【2022 年真题】根据《建设工程安全生产管理条例》，承包人需要编制专项施工方案并经专家论证的工程是（　　）。

A.高空作业工程　　　　　　　　　　B.深水作业工程

C.大爆破工程　　　　　　　　　　　D.地下暗挖工程

【答案】D。

2.【2021 年真题】根据《标准施工合同文件》中的通用合同条款，承包人应在施工过程中负责管理施工控制网点，并在（　　）后将其移交发包人。

A.工程缺陷责任期届满　　　　　　　B.工程竣工

C.工程竣工后验收合格　　　　　　　D.工程最终结算

【答案】B。

3.【2020 年真题】根据《标准施工招标文件》中的通用合同条款，承包人按合同约定应履行的职责有（　　）。

A.按工作内容和施工进度要求，编制施工组织设计和施工进度计划

B.负责办理施工场地临时道路占用的许可手续

C.测设施工控制网并报监理人审批

D.负责在施工现场建立完善的工程质量管理体系

E.对深基坑工程和地下暗挖工程编制专项施工方案

【答案】ACDE。

【想对考生说】

本题是对施工准备阶段承包人义务的考查，2015年、2017年、2018年、2019年的考试中同样对这一考点进行了考查，考查形式基本为多项选择题。

【还会这样考】

现场查勘是承包人在施工准备阶段的义务之一，下列关于现场查勘的说法中，错误的是（　　）。

A. 现场查勘的时间是签订合同协议书后

B. 承包人无需对施工场地周围环境进行查勘

C. 承包人应核对发包人提供的有关资料

D. 承包人应收集相关的地质、水文、气象条件、交通条件、风俗习惯以及其他为完成合同工作有关的当地资料

【答案】 B。

六、监理人的职责

【考生必掌握】

（1）监理人对承包人报送的施工组织设计、质量管理体系、环境保护措施进行认真的审查，批准或要求承包人对不满足合同要求的部分进行修改。

（2）监理人审查施工组织设计中的进度计划后，应在专用条款约定的期限内批复或提出修改意见，<u>经监理人批准的施工进度计划称为"合同进度计划"</u>。

【想对考生说】

上文中划线的"合同进度计划"需要掌握其作用，这一采分点在2014年的考试中曾考查过一道多项选择题，题目是这样设置的："根据《标准施工合同》，合同进度计划的主要作用有（　　）。"

（3）<u>监理人征得发包人同意后，应在开工日期7天前向承包人发出开工通知，合同工期自开工通知中载明的开工日起计算</u>。

【历年这样考】

1.【2023年真题】根据《标准施工招标文件》，合同工期自（　　）起计算。

A. 监理人下达开工通知之日　　　　B. 实际开工之日

C. 合同中约定的开工日　　　　　　D. 开工通知中载明的开工日

【答案】 D。

2.【2019年真题】根据《标准施工招标文件》的施工合同文本通用合同条款，"合同进度计划"是指由（　　）的施工进度计划。

A. 发包人审定　　　　　　　　　　B. 监理人批准

C. 承包人投标文件提交　　　　　　D. 招标文件提出

【答案】B。

3.【2018 年真题】根据《标准施工合同》，监理人在施工准备阶段的职责是（　）。

A.按专用条款约定的时间向承包人无条件发出开工通知

B.在开工日期 15 日前向承包人发出开工通知

C.批准或要求修改承包人报送的施工进度计划

D.组织编制施工"合同进度计划"

【答案】C。

4.【2017 年真题】根据《标准施工合同》，监理人征得发包人同意后，应在开工日期（　）天前向承包人发出开工通知。

A. 7

B. 14

C. 21

D. 28

【答案】A。

第四节　施工合同履行管理

一、合同履行涉及的几个时间期限

【考生必掌握】

（1）"合同工期"指承包人在投标函内承诺完成合同工程的时间期限，以及按照合同条款通过变更和索赔程序应给予顺延工期的时间之和。合同工期的作用是用于判定承包人是否按期竣工的标准。

（2）施工期、缺陷责任期、保修期的相关内容，见表 6-2。

施工期、缺陷责任期、保修期　　　　　　　　　　表 6-2

类型	起算日	结束日
施工期	监理人发出的开工通知中写明的开工日	工程接收证书中写明的实际竣工日
缺陷责任期	工程接收证书中写明的竣工日	在专用条款内约定
保修期	实际竣工日	在专用条款内约定

【历年这样考】

1.【2020 年真题】根据《标准施工招标文件》，关于缺陷责任期的说法，正确的是（　　）。

A.缺陷责任期应从工程接收证书写明的竣工日开始起算

B.缺陷责任期内出现的工程缺陷由发包人负责修复

C.缺陷责任期内发生的修复费用由承包人承担

D.缺陷责任期最长不得超过 1 年

【答案】A。

2.【2018 年真题】《标准施工合同》中的"合同工期"是指（　　）。

A.承包人完成工程从开工之日起至实际竣工日经历的期限

B.合同协议书中写明的施工总日历天数

C.承包人从监理人发出的开工通知中写明的开工日起，至工程接收证书中写明的实际竣工日止的期限

D.承包人在投标函内承诺完成工程的时间期限，以及按照合同条款通过变更和索赔程序应给予的顺延工期时间之和

【答案】D。

【还会这样考】

根据《标准施工合同》，保修期的起算日是（　　）。

A.实际竣工日　　　　　　　　　　　　B.工程接收证书中写明的竣工日

C.开工通知中写明的开工日　　　　　　D.承包人施工任务的实际完工日

【答案】A。

二、施工进度管理

【考生必掌握】

（1）暂停施工的责任，见表 6-3。

暂停施工的责任　　　　　　　　　　表 6-3

承包人责任的暂停施工	发包人责任的暂停施工
（1）承包人违约引起的暂停施工。 （2）由于承包人原因为工程合理施工和安全保障所必需的暂停施工。 （3）承包人擅自暂停施工。 （4）承包人其他原因引起的暂停施工。 （5）专用合同条款约定由承包人承担的其他暂停施工	（1）发包人未履行合同规定的义务。 （2）协调管理原因。 （3）行政管理部门的指令

（2）暂停施工期间由承包人负责妥善保护工程并提供安全保障。

（3）由于发包人的原因发生暂停施工的紧急情况，且监理人未及时下达暂停施工指示，承包人可先暂停施工并及时向监理人提出暂停施工的书面请求。监理人应在接到书面请求后的24小时内予以答复，逾期未答复视为同意承包人的暂停施工请求。

（4）发包人要求提前竣工的，由于涉及合同约定的变更，应与承包人通过协商达成提前竣工协议作为合同文件的组成部分。协议的内容应包括：承包人修订进度计划及为保证工程质量和安全采取的赶工措施；发包人应提供的条件；所需追加的合同价款；提前竣工给发包人带来效益应给承包人的奖励等。

【历年这样考】

1.【2023年真题】根据《标准施工招标文件》，由于发包人原因发生暂停施工的紧急情况，承包人可先暂停施工并向监理人提出暂停施工的书面请求。监理人应在收到承包人书面请求后的（　）内给予答复。

A.5日

B.48小时

C.3日

D.24小时

【答案】D。

2.【2022年真题】根据《标准施工招标文件》中的通用合同条款，工程发生暂停施工时，不给予承包人费用和工期补偿的情形有（　）。

A.承包人施工机械故障维修引起暂停施工

B.承包人违反安全管理规定造成安全事故引起暂停施工

C.发包人采购的材料未能按时到货停工待料引起暂停施工

D.承包人为提高施工效率优化施工方案引起暂停施工

E.由于工程交叉施工，监理人从整体协调指示承包人暂停施工

【答案】ABD。

3.【2022年真题】根据《标准施工招标文件》中的通用合同条款，工程提前竣工时，发包人与承包人签署的提前竣工协议应包括的内容有（　）。

A.承包人修订的进度计划和赶工措施

B.发包人提出的工期提前的要求

C.承包人提出的工期变更索赔申请

D.发包人提供的条件和追加的合同价款

E.提前竣工给发包人带来效益应给承包人的奖励

【答案】ADE。

4.【2021年真题】根据《标准施工招标文件》中的通用合同条款，由承包人承担增加的费用和工期延误的情形有（　）。

A.由于承包人原因为安全保障所必需的暂停施工

B.承包人负责采购、运输的材料未能按期运到工地

C.因不可抗力事件导致承包人暂停施工

D. 因不利物质条件导致承包人暂停施工

E. 发包人负责采购的工程设备未能按期运到工地

【答案】AB。

【想对考生说】

2020 年考查了相同命题点，注意由承包人责任引起暂停，增加的费用和工期由承包人承担；发包人暂停施工的责任，承包人有权要求发包人延长工期和（或）增加费用，并支付合理利润。

5.【2020 年真题】根据《标准施工招标文件》中的通用合同条款，在暂停施工期间，负责施工现场保护和安全保障的主体是（   ）。

A. 发包人   B. 监理人

C. 承包人   D. 监理人和承包人

【答案】C。

【还会这样考】

根据《标准施工合同》，下列引起暂停施工的情形中，属于发包人责任的是（   ）。

A. 未履行合同规定的义务

B. 施工期间发生地震、泥石流等自然灾害

C. 协调管理原因

D. 行政管理部门的指令

E. 施工技术事故

【答案】ABCD。

三、施工质量管理

【考生必掌握】

1. 承包人的管理

（1）项目部的人员管理

1）质量检查制度：承包人应在施工场地设置专门的质量检查机构，配备专职质量检查人员，建立完善的质量检查制度。

2）规范施工作业的操作程序：承包人应加强对施工人员的质量教育和技术培训，定期考核施工人员的劳动技能，严格执行规范和操作规程。

3）撤换不称职的人员。

（2）材料和设备的检验

承包人应按合同约定进行材料、工程设备和工程质量的试验和检验，并为监理人对材料、工程设备和工程质量检查提供必要的试验资料和原始记录。

（3）施工部位的检查

承包人未通知监理人到场检查，私自将工程隐蔽部位覆盖，监理人有权指示承包人钻孔探测或揭开检查，由此增加的费用和（或）工期延误由承包人承担。

2. 监理人与承包人的共同检验和试验

（1）监理人应与承包人共同进行材料、设备的试验和工程隐蔽前的检验。

（2）收到承包人共同检验的通知后，监理人既未发出变更检验时间的通知，又未按时参加，承包人可单独进行检查和试验，将记录送交监理人后可继续施工。此次检查或试验视为监理人在场情况下进行，监理人应签字确认。

3. 监理人指示的检验和试验

（1）材料、设备和工程的重新检验和试验，如图6-4所示。

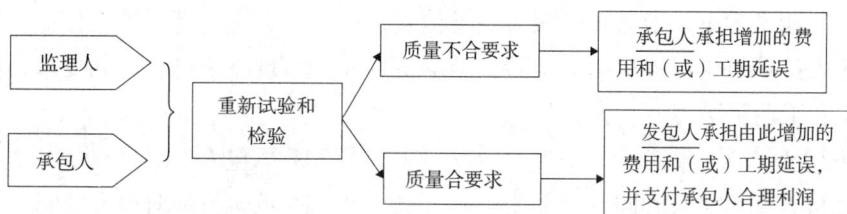

图6-4 材料、设备和工程的重新检验和试验

（2）隐蔽工程的重新检验，如图6-5所示。

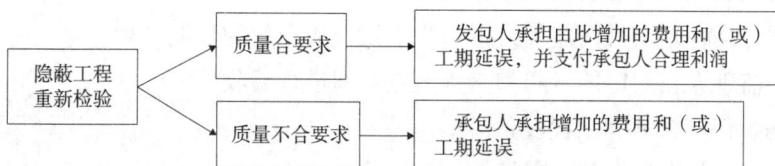

图6-5 隐蔽工程的重新检验

【想对考生说】

从图6-4、图6-5中可以看出，无论是材料、设备和工程的重新检验和试验还是隐蔽工程的重新检验，质量符合或不符合要求的费用和工期延误的赔偿原则是相同的。

4. 对发包人提供的材料和工程设备管理

承包人应根据合同进度计划的安排，向监理人报送要求发包人交货的日期计划。

发包人向承包人提交材料和工程设备，应在到货7天前通知承包人。承包人会同监理人在约定的时间内，在交货地点共同进行验收。

发包人提供的材料和工程设备验收后，由承包人负责接收、保管和施工现场内的二次搬运所发生的费用。

发包人要求向承包人提前接货的物资，承包人不得拒绝，但发包人应承担承包人由此增加的保管费用。

【历年这样考】

1.【2023年真题】承包人与监理人对材料设备试验或检验，承包人应提供的资料和资源包括（　　）。

A. 试验标准　　　　　　　　　　　　B. 试验资料

C. 原始记录　　　　　　　　　　　　D. 电力燃料

E. 测试要求

【答案】BC。

2.【2022年真题】某工程施工合同约定，土方填筑作业每一层必须经监理人检验。承包人以工期紧为由，未通知监理人到场检查，自行检验后进行了填筑作业。监理人指示承包人按填筑层厚逐层揭开检验，经随机抽检，填筑质量符合合同要求，由此增加的费用和工期延误由（　　）承担。

A. 发包人　　　　　　　　　　　　　B. 承包人

C. 发包人和承包人共同　　　　　　　D. 承包人和监理人共同

【答案】B。

3.【2021年真题】根据《标准施工招标文件》中的通用合同条款，对于发包人负责提供的材料和工程设备，承包人应完成的工作内容有（　　）。

A. 提交材料和工程设备的质量证明文件

B. 根据合同计划安排向监理人报送要求发包人交货的日期计划

C. 会同监理人在约定的时间和交货地点共同进行验收

D. 运输、保管材料和工程设备

E. 支付材料和工程设备合同价款

【答案】BC。

4.【2020年真题】根据《标准施工招标文件》中的通用合同条款，承包人施工项目部人员管理的主要措施有（　　）。

A. 在施工现场设立专门的质量检验机构

B. 施工人员的质量教育和技术培训

C. 严格执行规范和操作规程

D. 现场施工人员的职称和职业资格审查

E. 定期考核施工人员的劳动技能

【答案】ABCE。

5.【2018年真题】根据《标准施工合同》，关于监理人对质量检验和试验的说法，正确的是（　　）。

A. 监理人收到承包人共同检验的通知，未按时参加检验，承包人单独检验，该检

验无效

　　B.监理人对承包人的检验结果有疑问，要求承包人重新检验时，由监理人和第三方检测机构共同进行

　　C.监理人对承包人已覆盖的隐蔽工程部分质量有疑问时，有权要求承包人对已覆盖的部位进行揭开重新检验

　　D.重新检验结果证明质量符合合同要求的，因此增加的费用由发包人和监理人共同承担

　　【答案】C。

　　【想对考生说】

　　（1）本题是一道综合性题目，既考查了材料、设备和工程的重新检验和试验，又考查了隐蔽工程的重新检验。

　　（2）在2013年的考试中，曾对隐蔽工程工期和费用补偿的问题考查了一道单项选择题。

【还会这样考】

　　监理人应与承包人共同进行材料、设备的试验和工程隐蔽前的检验。收到承包人共同检验的通知后，监理人既未发出变更检验时间的通知，又未按时参加的，（　　）。

　　A.承包人可单独进行检查和试验

　　B.承包人将检验记录送交监理人后可继续施工

　　C.承包人应待监理人在检验记录上签字确认后才可继续施工

　　D.此次检查或试验应视为监理人在场情况下进行的

　　E.监理人应在检验记录上签字确认

　　【答案】ABDE。

四、工程款支付管理

采分点1　通用条款中涉及支付管理的几个概念

【考生必掌握】

　　通用条款中涉及支付管理的几个概念，如图6-6所示。

　　【想对考生说】

　　这部分内容基本每年都会考到，且同一考点重复考查的情况比较明显，因此建议考生在历年真题部分多花些时间来熟悉和理解，另外关于费用和质量保证金的定义也要进行熟悉了解，相信一定能将这部分分数拿到。

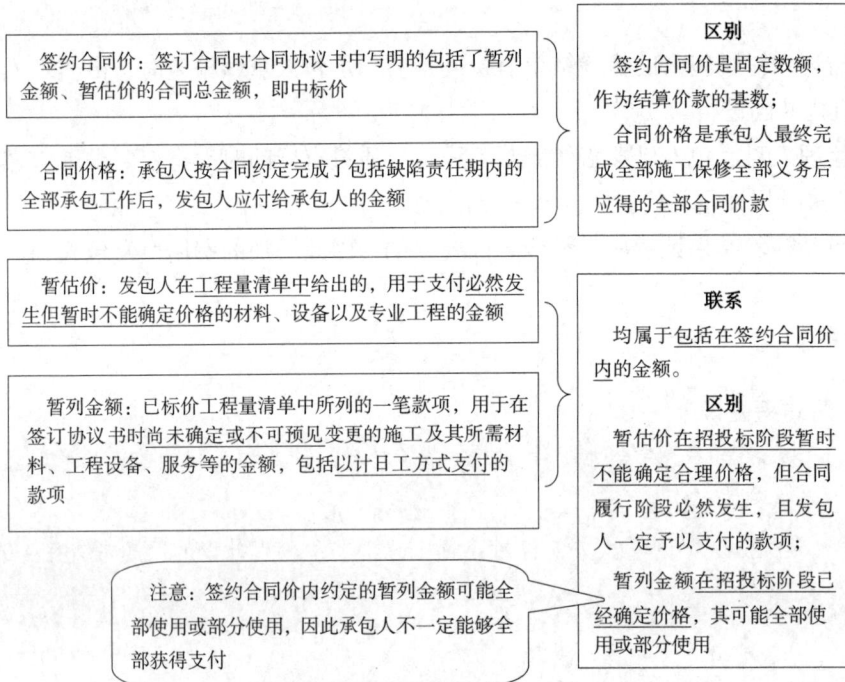

区别

签约合同价是固定数额，作为结算价款的基数；

合同价格是承包人最终完成全部施工保修全部义务后应得的全部合同价款

签约合同价：签订合同时合同协议书中写明的包括了暂列金额、暂估价的合同总金额，即中标价

合同价格：承包人按合同约定完成了包括缺陷责任期内的全部承包工作后，发包人应付给承包人的金额

暂估价：发包人在工程量清单中给出的，用于支付必然发生但暂时不能确定价格的材料、设备以及专业工程的金额

暂列金额：已标价工程量清单中所列的一笔款项，用于在签订协议书时尚未确定或不可预见变更的施工及其所需材料、工程设备、服务等的金额，包括以计日工方式支付的款项

联系

均属于包括在签约合同价内的金额。

区别

暂估价在招投标阶段暂时不能确定合理价格，但合同履行阶段必然发生，且发包人一定予以支付的款项；

暂列金额在招投标阶段已经确定价格，其可能全部使用或部分使用

注意：签约合同价内约定的暂列金额可能全部使用或部分使用，因此承包人不一定能够全部获得支付

图 6-6　通用条款中涉及支付管理的几个概念

【历年这样考】

1.【2022 年真题】根据《标准施工招标文件》中的通用合同条款，合同协议书中写明的合同总金额应包括的金额是（　　）。

A. 暂列金额和暂估价　　　　　　　B. 变更的价款调整

C. 索赔补偿金额　　　　　　　　　D. 保修期的保修费用

【答案】A。

2.【2022 年真题】根据《标准施工招标文件》中的通用合同条款，采用计日工计价的任何一项变更工作应从（　　）中支付。

A. 暂估价　　　　　　　　　　　　B. 暂列金额

C. 单价措施项目费　　　　　　　　D. 总价措施项目费

【答案】B。

3.【2021 年真题】根据《标准施工招标文件》中的通用合同条款，质量保证金的计算基数应包括（　　）。

A. 付款周期末已实施工程的价款金额

B. 工程预付款的支付金额

C. 工程预付款的扣回金额

D. 按合同约定价格调整的金额

E. 按合同约定经监理人核实的计日工金额

【答案】AE。

4.【2020年真题】根据《标准施工招标文件》,关于暂估价的说法,正确的是（　　）。

A. 暂估价是指签约合同价之外用于支付部分材料设备的费用或专业工程价款

B. 暂估价是指施工合同履行中可能发生的工程费用

C. 暂估价是指发包人在工程量清单中写明支付但暂时不能确定价格的工程款项

D. 暂估价内的工程材料设备或专业工程施工均须由承包人负责提供

【答案】C。

【想对考生说】

该考点重复进行考核的频次较高，关于暂估价的含义于2018年也对其定义进行了单项选择题形式的考核，考生要注意上述几个概念的相互干扰。

5.【2019年真题】根据《标准施工招标文件》的施工合同文本通用合同条款,支付管理中的"合同价格"是指（　　）。

A. 协议书中的签约合同价格

B. 承包人最终完成全部施工和保修义务后应得的全部合同价款

C. 中标通知书中的中标价格

D. 承包人的投标报价

【答案】B。

6.【2019年真题】根据《标准施工招标文件》的施工合同文本通用合同条款,"暂估价"和"暂列金额"的主要区别有（　　）。

A. 是否列入已标价的工程量清单　　　　B. 是否在招标阶段已经确定价格

C. 是否在合同履行阶段必然发生　　　　D. 承包人是否必然获得支付

E. 是否包括在签约合同价内

【答案】BCD。

【想对考生说】

"暂估价"与"暂列金额"的特点以及两者的区别，是历年来考查较为集中的点，一定要掌握。

7.【2018年真题】根据《标准施工合同》,关于"暂列金额"的说法,正确的是（　　）。

A. 暂列金额未包括在签约合同价内

B. 暂列金额不可以计日工方式支付

C. 暂列金额可能全部使用或部分使用

D. 暂列金额应按合同规定全部支付给承包人

【答案】C。

8.【2016年真题】根据《标准施工合同》,关于签约合同价的说法,正确的有（　　）。

A. 签约合同价不包括承包人利润

B. 签约合同价即为中标价

C. 签约合同价包含暂列金额、暂估价

D. 签约合同价是承包方履行合同义务后应得的全部工程价款

E. 签约合同价应在合同协议书中写明

【答案】BCE。

> 【想对考生说】
>
> （1）在2015年的考试中也考查了签约合同价的相关知识。
>
> （2）上述历年真题已详尽包含了所有可考的点与题型，下面就不再准备习题了。

采分点2 外部原因引起的合同价格调整

【考生必掌握】

（1）施工工期12个月以上的工程，应考虑市场价格浮动对合同价格的影响，由发包人和承包人分担市场价格变化的风险。

（2）公式法调价仅适用于工程量清单中单价支付部分。

（3）应用调价公式的基本原则：

①在每次支付工程进度款计算调整差额时，如果得不到现行价格指数，可暂用上一次价格指数计算，并在以后的付款中再按实际价格指数进行调整。

②由于变更导致合同中调价公式约定的权重变得不合理时，由监理人与承包人和发包人协商后进行调整。

③因非承包人原因导致工期顺延，原定竣工日后的支付过程中，调价公式继续有效。

④因承包人原因未在约定的工期内竣工，后续支付时应采用原约定竣工日与实际支付日的两个价格指数中，较低的一个作为支付计算的价格指数。

【历年这样考】

1.【2020年真题】根据《标准施工招标文件》中的通用合同条款，采用公式法调整工程价款时，合同约定变更范围和内容导致调整公式中的权重不合理时，由监理人与（　　）协商后进行调整。

A. 发包人和分包人　　　　　　　　B. 承包人和分包人

C. 承包人和发包人　　　　　　　　D. 分包人和造价管理部门

【答案】C。

2.【2016年真题】根据《标准施工合同》，因承包人原因未在约定的工期内竣工时，原约定竣工日的价格指数和实际支付日的价格指数会有所不同，后续支付时应将（　　）作为支付计算的价格指数。

A. 两个价格指数中的较高者　　　　　　　B. 两个价格指数中的均值

C. 两个价格指数中的较低者　　　　　　　D. 两个价格指数按约定的均值

【答案】C。

【还会这样考】

根据《标准施工合同》，施工工期（　　）个月以上的工程，应考虑市场价格浮动对合同价格的影响，由发包人和承包人分担市场价格变化的风险。

A. 1　　　　　　　　　　　　　　　　　B. 3

C. 6　　　　　　　　　　　　　　　　　D. 12

【答案】D。

采分点3　工程量计量

单价子目已完成工程量按月计量；总价子目的计量周期按已批准承包人的支付分解报告确定。

总价子目的计量和支付应以总价为基础，不考虑市场价格浮动的调整。承包人实际完成的工程量，是进行工程目标管理和控制进度支付的依据。

监理人对承包人提交的资料进行复核，有异议时可要求承包人进行共同复核和抽样复测。除变更外，总价子目表中标明的工程量是用于结算的工程量，通常不进行现场计量，只进行图纸计量。

【历年这样考】

【2022年真题】根据《标准施工招标文件》中的通用合同条款，关于总价支付项目工程计量的说法，正确的是（　　）。

A. 监理人按已完成的工作量按日计量

B. 监理人按已批准承包人的支付分解报告作为计量周期

C. 总价子目表中标明用于结算的工程量，通常应现场计量

D. 总价子目的计量与支付以总价为基础，考虑市场价格浮动的调整

【答案】B。

采分点4　工程进度款的支付

【考生必掌握】

1. 进度付款申请单

【想对考生说】

关于进度付款申请单只需要掌握进度付款申请单包括哪些内容即可，这一考点于2022年、2023年均以多项选择题的形式进行了考查。

2. 进度款支付证书

（1）监理人在收到承包人进度付款申请单以及相应的支持性证明文件后的14天内完成核查，提出发包人到期应支付给承包人的金额以及相应的支持性材料。经发包人审查同意后，由监理人向承包人出具经发包人签认的进度付款证书。

（2）监理人有权扣发承包人未能按照合同要求履行任何工作或义务的相应金额，如扣除质量不合格部分的工程款等。

（3）通用条款规定，监理人出具的进度付款证书，不应视为监理人已同意、批准或接受了承包人完成的该部分工作，在对以往历次已签发的进度付款证书进行汇总和复核中发现的错、漏或重复的，监理人有权予以修正，承包人也有权提出修正申请。

3.进度款的支付

发包人应在监理人收到进度付款申请单后的28天内，将进度应付款支付给承包人。

【历年这样考】

1.**【2023年真题】**根据《标准施工招标文件》，应列入进度付款申请单中的价款有（ ）。

A.签约合同价 B.扣减的返还预付款

C.索赔金额 D.暂估价

E.变更金额

【答案】BCE。

2.**【2021年真题】**根据《标准施工招标文件》中的通用合同条款，监理人收到承包人提交进度付款申请单后的处理程序为（ ）。

A.监理人核查→发包人确认→发包人出具经监理人签认的进度付款证书

B.监理人核查→发包人审查同意→监理人出具经发包人签认的进度付款证书

C.监理人核查→发包人审查同意→监理人出具经承包人签认的进度付款证书

D.监理人核查→承包人签认→发包人出具进度付款证书

【答案】B。

3.**【2020年真题】**根据《标准施工招标文件》，关于进度款支付证书的说法，正确的是（ ）。

A.进度款支付证书应由监理人审查承包人进度付款申请单后签发

B.监理人出具进度款支付证书视为监理人已批准承包人完成该部分工作

C.进度款支付证书应经发包人审查同意并签认后由监理人出具

D.进度款支付证书一经签发监理人无权修改

【答案】C。

【还会这样考】

1.根据《标准施工合同》，发包人应在监理人收到进度付款申请单后的（ ）天内，将进度应付款支付给承包人。

A.7 B.14

C.28 D.56

【答案】C。

2. 根据《标准施工合同》，进度付款申请单的内容包括（　　）。

A. 变更金额

B. 本次扣减的质量保证金

C. 索赔金额

D. 拟实施变更工作的计划

E. 本次应支付的预付款和扣减的返还预付款

【答案】ABCE。

五、施工安全管理

【考生必掌握】

施工安全管理的相关内容见表 6-4。

施工安全管理　　　　　　　　　　　　　　　　　　　　表 6-4

项目	内容
发包人的施工安全责任	（1）发包人应对其现场机构全部人员的工伤事故承担责任，但由于承包人原因造成发包人人员工伤的，应由承包人承担责任。 （2）发包人应负责赔偿工程或工程的任何部分对土地的占用所造成的第三者财产损失
承包人的施工安全责任	（1）承包人应按合同约定的安全工作内容，编制施工安全措施计划报送监理人审批，按监理人的指示制定应对灾害的紧急预案，报送监理人审批。 （2）严格按照国家安全标准制定施工安全操作规程，配备必要的安全生产和劳动保护设施，加强对承包人人员的安全教育，并发放安全工作手册和劳动保护用具。 （3）承包人对其履行合同所雇佣的全部人员，包括分包人人员的工伤事故承担责任，但由于发包人原因造成承包人人员的工伤事故，应由发包人承担责任

【历年这样考】

【2020 年真题】根据《标准施工招标文件》中的通用合同条款，承包人的施工安全责任是（　　）。

A. 执行监理人编制的施工安全措施计划

B. 要求发包人提供劳动保护用具

C. 制定安全操作规程

D. 承担施工现场所有人员工伤事故的赔偿责任

【答案】C。

【还会这样考】

根据《标准施工招标文件》中的通用合同条款，（　　）应负责赔偿工程或工程的任何部分对土地的占用所造成的第三者财产损失。

A. 承包人

B. 发包人

C. 监理人

D. 设计人

【答案】B。

六、变更管理

【考生必掌握】

变更管理的相关内容见表6-5。

变更管理　　　　　　　　　　表6-5

项目	内容
变更的范围和内容	（1）取消合同中任何一项工作，但被取消的工作不能转由发包人或其他人实施。 （2）改变合同中任何一项工作的质量或其他特性。 （3）改变合同工程的基线、标高、位置或尺寸。 （4）改变合同中任何一项工作的施工时间或改变已批准的施工工艺或顺序。 （5）为完成工程需要追加的额外工作
监理人指示变更	如果承包人根据变更意向书要求提交的变更实施方案可行并经发包人同意后，监理人发出变更指示
变更的估价原则	（1）已标价工程量清单中有适用于变更工作的子目，采用该子目的单价计算变更费用。 （2）已标价工程量清单中无适用于变更工作的子目，但有类似子目，可在合理范围内参照类似子目的单价，由监理人商定或确定变更工作的单价。 （3）已标价工程量清单中无适用或类似子目的单价，可按照成本加利润的原则，由监理人商定或确定变更工作的单价
不利物质条件的影响	不利物质条件属于发包人应承担的风险，指承包人在施工场地遇到的不可预见的自然物质条件、非自然的物质障碍和污染物，包括地下和水文条件，但不包括气候条件。 如果监理人没有发出指示，承包人因采取合理措施而增加的费用和工期延误，仍由发包人承担

【历年这样考】

1.【2023年真题】根据《标准施工招标文件》，发生工程变更时，已标价工程量清单中无适用或类似子目单价的变更工作单价应由（　　）商定或确定。

A. 发包人

B. 承包人

C. 监理人

D. 造价管理机构

【答案】C。

2.【2021年真题】根据《标准施工招标文件》中的通用合同条款，关于变更意向书及变更指示发出主体的说法，正确的是（　　）。

A. 可以由发包人发出

B. 只能由监理人发出

C. 可以由承包人发出

D. 只能由发包人发出

【答案】B。

3.【2021年真题】某工程，变更增加项目的工作内容为压实度0.98的土方填筑，合同已标价工程量清单中有压实度0.92的土方填筑项目。根据《标准施工招标文件》，该变更项目的估价原则为（　　）。

A. 直接采用工程量清单中压实度0.92的土方填筑项目单价

B. 按照成本加利润的原则，由监理人商定或确定

C. 参照压实度 0.92 的土方填筑项目单价，由监理人在合理范围内商定或确定

D. 由承包人与发包人按施工预算价格协商确定

【答案】C。

4.【2021 年真题】根据《标准施工招标文件》中的通用合同条款，施工合同履行期间，属于变更范围的有（　　）。

A. 承包人投入施工设备的数量超过了投标文件承诺的数量

B. 为完成工程需要追加的额外工作

C. 改变合同中任何一项工作的施工时间

D. 改变合同中任何一项工作的质量特性

E. 承包人在合同中的某项工作转由发包人自行实施

【答案】BCD。

5.【2021 年真题】根据《标准施工招标文件》中的通用合同条款，属于施工期间"不利物质条件"的有（　　）。

A. 不可预见的自然物质条件　　　　　B. 不可预见的非自然物质障碍

C. 突发性重大疫情　　　　　　　　　D. 恶劣的气候条件

E. 不可预见的污染物

【答案】ABE。

【想对考生说】

2021 年在此知识点考查力度非常大，这一年就考查了四道题目。

注意区分三种情形下的估价原则。2016 年以单项选择题形式考查了无法适用或类似子目时的估价原则。

不利物质条件要重点掌握，在 2014 年以单项选择题形式进行了考查。

【还会这样考】

根据《标准施工招标文件》中的通用合同条款，对于施工合同变更的估价，已标价工程量清单中无适用项目的单价，监理工程师确定承包商提出的变更工作单价时，应按照（　　）原则。

A. 固定总价　　　　　　　　　　　　B. 固定单价

C. 可调单价　　　　　　　　　　　　D. 成本加利润

【答案】D。

七、不可抗力

【考生必掌握】

常见的不可抗力情形。

不可抗力造成的损失由发包人和承包人按照下列规定分别承担：

（1）永久工程，包括已运至施工场地的材料和工程设备的损害，以及因工程损害造成的第三者人员伤亡和财产损失由发包人承担；

（2）承包人设备的损坏由承包人承担；

（3）发包人和承包人各自承担其人员伤亡和其他财产损失及其相关费用；

（4）停工损失由承包人承担，但停工期间应监理人要求照管工程和清理、修复工程的金额由发包人承担；

（5）不能按期竣工的，应合理延长工期，承包人不需支付逾期竣工违约金。发包人要求赶工的，承包人应采取赶工措施，赶工费用由发包人承担。

【历年这样考】

1.【2023年真题】根据《标准施工招标文件》，属于不可抗力的事件有（　　）。

A. 瘟疫
B. 暴雨
C. 水灾
D. 承包人罢工
E. 骚乱

【答案】ACE。

【想对考生说】

本题是对不可抗力事件的考查，本考点于2022年也是以多项选择题的形式进行的考查，可见历年真题的重要性。

2.【2021年真题】根据《标准施工招标文件》中的通用合同条款，因不可抗力导致工期延长，监理人按发包人要求指令承包人采取赶工措施发生的合理赶工费用应由（　　）承担。

A. 发包人
B. 承包人
C. 发包人和监理人共同
D. 参与验收的各方共同

【答案】A。

3.【2019年真题】根据《标准施工招标文件》的施工合同文本通用合同条款规定，因不可抗力造成的损失，由发包人承担的有（　　）。

A. 永久工程的损失
B. 施工设备损坏
C. 停工损失
D. 施工场地的材料和工程设备
E. 承包人的人员伤亡损失

【答案】AD。

【还会这样考】

根据《标准施工招标文件》的施工合同文本通用合同条款规定，因不可抗力造成的停工损失应由（　　）承担。

A. 发包人
B. 承包人
C. 监理人
D. 发包人和承包人共同

【答案】B。

八、承包人的索赔

【考生必掌握】

1. 索赔流程

承包人的索赔流程，如图 6-7 所示。

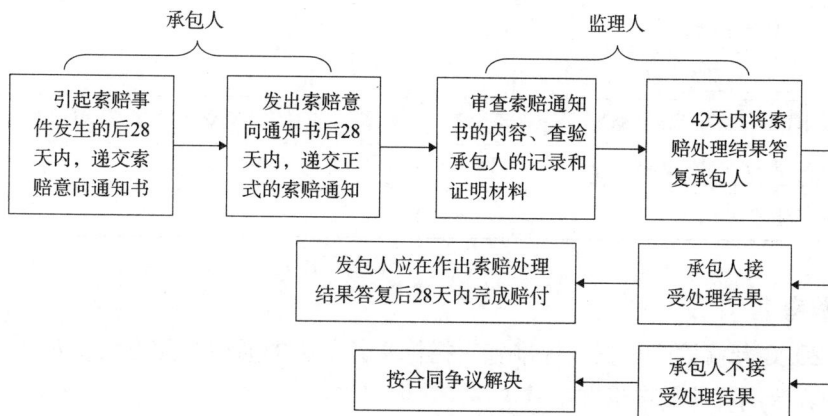

图 6-7　承包人的索赔流程

2.《标准施工合同》中涉及应给承包人补偿的条款

【想对考生说】

（1）该部分内容非常重要，不仅会在本科目中进行考查，在《建设工程监理案例分析》科目中也会考到，因此考生一定要牢记。

（2）对于《标准施工合同》中涉及应给承包人补偿的条款，在教材中是以表格的形式体现的，这一形式已经很清晰了，因此下面只将部分需要记忆的内容列出，其余的就不再重复抄录了。

（3）由于《标准施工合同》中涉及应给承包人补偿的条款多达 26 项，总有考生觉得记不住。在这里建议考生"只记特殊的"，所谓"只记特殊的"指的是只记忆补偿内容涉及工期、费用、利润中的两个或一个的项目，因为在 26 项内容中的绝大部分是工期、费用、利润均能得到补偿的，而只能补偿两个或一个的却只有 9 项，考生只要牢牢记住这 9 项，在做题时采用排除法即可，这样难度会小很多。

标准施工合同通用条款中，可以给承包人补偿的条款，见表 6-6。

承包人的补偿条款（部分）　　　　　　　表 6-6

原因	可补偿内容		
	工期	费用	利润
文物、化石	√	√	
不利的物质条件	√	√	
发包人提供的材料和工程设备提前交货		√	
异常恶劣的气候条件	√		
附加浮动引起的价格调整		√	
法规变化引起的价格调整		√	
发包人原因试运行失败，承包人修复		√	√
不可抗力停工期间的照管和后续清理		√	
不可抗力不能按期竣工	√		

【历年这样考】

1.【2020 年真题】根据《标准施工招标文件》中的通用合同条款，发包人仅限于给予承包人费用补偿的情形有（　　）。

A. 法规变化引起的价格调整　　　　B. 监理人的指示错误

C. 因不可抗力停工期间的工程照管　　D. 发包人提供图纸延误

E. 重新检验隐蔽工程质量合格

【答案】 AC。

【想对考生说】

（1）本题是对《标准施工合同》中承包人补偿条款的考查，从历年考试的情况来看，题目大多数设置为多项选择题，提问方式与本题相类似，因此其余的真题就不再列出了。

（2）需要考生注意的是：如同本题一样，在考试时只会在题干中给出限制条件让考生选出与之匹配的"情形"是哪些选项，不会在题干中给出"情形"让考生选择补偿类型。

2.【2014 年真题】根据《标准施工合同》，承包人向监理人递索赔意向书的时效是（　　）天。

A. 7　　　　　　　　　　　　　　B. 14

C. 28　　　　　　　　　　　　　D. 30

【答案】 C。

【还会这样考】

根据《标准施工合同》，承包人根据合同认为有权得到追加付款和（或）延长工期时，应按规定程序提出索赔。对于监理人作出的索赔处理结果，承包人表示接受索赔的，则（　　）。

A. 发包人应在作出索赔处理结果答复后 7 天内完成赔付

B. 发包人应在作出索赔处理结果答复后 14 天内完成赔付

C. 发包人应在作出索赔处理结果答复后 28 天内完成赔付

D. 按合同争议解决

【答案】C。

九、竣工验收管理

【考生必掌握】

1. 合同工程的竣工验收

（1）合同工程的竣工验收流程，如图 6-8 所示。

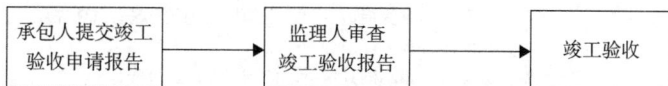

图 6-8　合同工程的竣工验收流程

（2）监理人审查申请报告的各项内容，认为工程尚不具备竣工验收条件时，应在收到竣工验收申请报告后的 28 天内通知承包人。

（3）监理人审查后认为已具备竣工验收条件，应在收到竣工验收申请报告后的 28 天内提请发包人进行工程验收。

（4）竣工验收合格时，监理人应在收到竣工验收申请报告后的 56 天内，向承包人出具经发包人签认的工程接收证书。以承包人提交竣工验收申请报告的日期为实际竣工日期，并在工程接收证书中写明。

（5）发包人在收到承包人竣工验收申请报告 56 天后未进行验收，视为验收合格。

2. 竣工结算

竣工结算的流程，如图 6-9 所示。

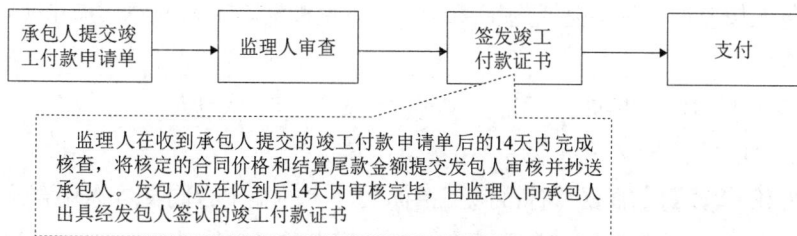

图 6-9　竣工结算的流程

【想对考生说】

如果承包人对发包人签认的竣工付款证书有异议，发包人可出具竣工付款申请单中承包人已同意部分的临时付款证书，存在争议的部分，按合同约定的争议条款处理。

3.竣工清场

竣工清场的相关内容，如图 6-10 所示。

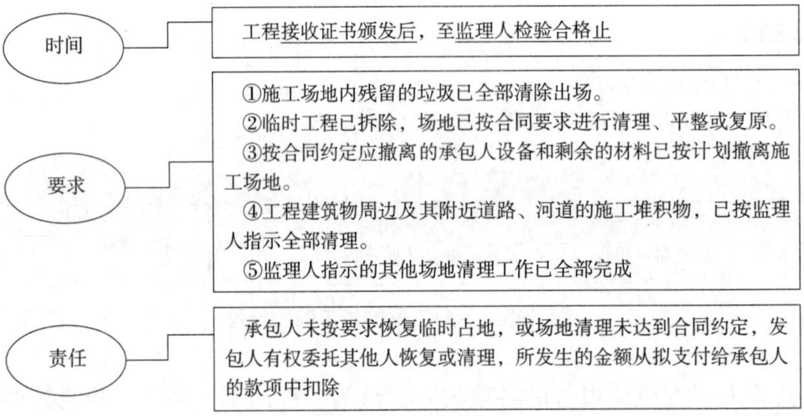

图 6-10 竣工清场

【历年这样考】

1.**【2023 年真题】**某工程完工后，承包人于 2023 年 3 月 30 日向监理人提交了竣工验收申请报告，监理人于 2023 年 4 月 15 日完成审查，认定已具备竣工验收条件。根据《标准施工招标文件》，监理人应在 2023 年（　　）前提请发包人进行工程验收。

A.4 月 22 日　　　　　　　　　　B.4 月 27 日

C.5 月 6 日　　　　　　　　　　D.5 月 13 日

【答案】B。

2.**【2021 年真题】**根据《标准施工招标文件》中的通用合同条款，工程接收证书颁发后，承包人按监理人指示完成施工场地内残留垃圾清除工作的费用应由（　　）承担。

A.发包人　　　　　　　　　　B.监理人

C.发包人和承包人共同　　　　　　D.承包人

【答案】D。

3.**【2019 年真题】**根据《标准施工招标文件》的施工合同文本通用合同条款，竣工验收管理程序中，监理人审查竣工验收申请报告的各项内容，认为工程尚不具备竣工验收条件时，应当在收到竣工申请报告后（　　）天内通知承包人。

A. 28
B. 30

C. 56
D. 60

【答案】A。

4.【2019年真题】根据《标准施工合同》，发包人在收到承包人竣工验收申请报告（　）天后未进行验收，视为验收合格。

A. 14
B. 28

C. 42
D. 56

【答案】D。

5.【2019年真题】根据《标准施工招标文件》的施工合同文本通用合同条款，承包人竣工清场的主要义务有（　）。

A. 就交付工程的使用功能向发包人交底

B. 拆除临时工程，清理、平整或复原场地

C. 保证工程建筑物周边及其附近道路交通通畅

D. 施工场地内承包人设备和剩余材料已按计划撤离现场

E. 施工场地内残留垃圾已全部清除出场

【答案】BDE。

【还会这样考】

1. 竣工验收合格时，监理人应在收到竣工验收申请报告后的（　）天内，向承包人出具经发包人签认的工程接收证书。

A. 7
B. 14

C. 28
D. 56

【答案】D。

2. 工程接收证书颁发后，（　）应对施工场地进行清理，直至监理人检验合格为止。

A. 发包人
B. 承包人

C. 监理人
D. 勘察人

【答案】B。

十、缺陷责任期管理

【考生必掌握】

（1）缺陷责任自实际竣工日期起计算。

（2）缺陷责任期满，包括延长的期限终止后 14 天内，由监理人向承包人出具经发包人签认的缺陷责任期终止证书，并退还剩余的质量保证金。

（3）缺陷责任期终止证书签发后，发包人与承包人进行合同付款的最终结清。最终结清的流程，如图 6-11 所示。

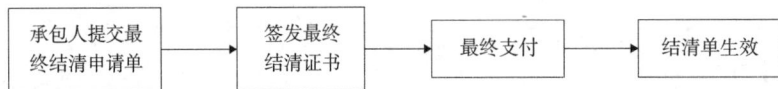

图 6-11　最终结清的流程

【历年这样考】

1.【2022 年真题】根据《标准施工招标文件》中的通用合同条款，承包人可按合同约定在（　　）后向监理人提交最终结清申请单。

A.签发缺陷责任期终止证书　　　　　　B.缺陷责任期终止

C.签发工程接收证书　　　　　　　　　D.签发保修责任证书

【答案】A。

2.【2019 年真题】根据《标准施工招标文件》的施工合同文本通用合同条款，缺陷责任期满（包括延长期限终止）后 14 天内，应当向承包人出具缺陷任期终止证书，该证书应（　　）。

A.发包人出具经监理人审核　　　　　　B.监理人出具经发包人签认

C.发包人和监理人共同签认　　　　　　D.监理人签认

【答案】B。

【还会这样考】

下列关于缺陷责任期相关事项的说法中，错误的是（　　）。

A.缺陷责任期自实际竣工日期起计算

B.在全部工程竣工验收前，已经发包人提前验收的单位工程，其缺陷责任期的起算日期不变

C.缺陷责任期终止证书的颁发，意味承包人已按合同约定完成了施工、竣工和缺陷修复责任的义务

D.缺陷责任期终止证书签发后，发包人与承包人进行合同付款的最终结清

【答案】B。

建设工程总承包合同管理

第一节　工程总承包合同特点

【考生必掌握】

工程总承包合同的优缺点，见表7-1。

工程总承包合同的优缺点　　　　　　　　　　　　表7-1

优点	缺点
（1）单一的合同责任。 （2）固定工期、固定费用。 （3）可以缩短建设周期。 （4）减少设计变更。 （5）减少承包人的索赔	（1）设计不一定是最优方案。 （2）减弱实施阶段发包人对承包人的监督和检查

【历年这样考】

1.【2022年真题】设计施工总承包模式与施工承包模式相比，主要优点是有利于（　　）。

A. 业主选用指定的分包商　　　　　　　B. 吸引更多的投标人竞标

C. 发包人对承包人的监督和检查　　　　D. 减少承包人的索赔

【答案】D。

2.【2019年真题】对发包人而言，设计施工总承包合同的优点有（　　）。

A. 单一的合同责任　　　　　　　　　　B. 减少发包人对承包人的检查

C. 减少承包人的索赔　　　　　　　　　D. 固定工期

E. 减少设计变更

【答案】ACDE。

【想对考生说】

2015 年、2016 年、2018 年的考试中也考查过建设项目总承包方式的优点。

3.【2017 年真题】建设工程采用设计施工总承包模式的不利因素是（   ）。

A. 监理人对工程实施的监督力度降低　　　B. 承包人的工程索赔增多

C. 工程投资控制难度增加　　　D. 发包人的工程风险加大

【答案】A。

【想对考生说】

（1）从历年真题的考查情况来看,对"优点"的考查力度要远大于对"缺点"的考查。

（2）上述历年真题已详尽包含了所有可考的点与题型,下面就不再准备习题了。

第二节　工程总承包合同有关各方管理职责

【考生必掌握】

1. 发包人

发包人对工程项目的实施负责投资支付和项目建设有关重大事项的决定。

2. 承包人

【想对考生说】

承包人的管理职责是历年考试的高频考点,且同一考点重复考查的情况比较明显,下面的每一句话都很重要,基本在历年真题中均出现过,建议考生一定要多看几遍。

（1）总承包合同的承包人可以是独立承包人,也可以是联合体。联合体承包人的相关知识,见表 7-2。

联合体承包人　　　　　　　　　　　　　表 7-2

项目	内容
联合体牵头人或授权代表	合同履行过程中发包人和监理人仅与联合体牵头人或联合体授权的代表联系，由其负责组织和协调联合体各成员全面履行合同
联合体协议	联合体的组成和内部分工是评标中很重要的评审内容，联合体协议经发包人确认后已作为合同附件，因此通用条款规定，履行合同过程中，未经发包人同意，承包人不得擅自改变联合体的组成和修改联合体协议

（2）关于工程分包应掌握以下要点：

①承包人不得将其承包的全部工程转包给第三人，也不得将其承包的全部工程肢解后以分包的名义分别转包给第三人。

②分包工作需要征得发包人同意。

③承包人不得将设计和施工的主体、关键性工作的施工分包给第三人。

④分包人的资格能力应与其分包工作的标准和规模相适应，其资质能力的材料应经监理人审查。

⑤发包人同意分包的工作，承包人应向发包人和监理人提交分包合同副本。

3. 监理人

总监理工程师更换时，应提前14天通知承包人。总监理工程师超过2天不能履行职责的，应委派代表代行其职责。总监理工程师可以授权其他监理人员负责执行其指派的一项或多项监理工作。被授权的监理人员在授权范围内发出的指示视为已得到总监理工程师的同意。

【历年这样考】

1.【2022年真题】根据《标准设计施工总承包招标文件》，总监理工程师超过（　　）天不能履行职责的，应委派代表在许可范围内代行其职责。

A. 2　　　　　　　　　　　　　　B. 3

C. 5　　　　　　　　　　　　　　D. 7

【答案】A。

2.【2021年真题】根据《标准设计施工总承包招标文件》，监理人更换总监理工程师时，应提前（　　）天通知承包人。

A. 7　　　　　　　　　　　　　　B. 14

C. 21　　　　　　　　　　　　　D. 28

【答案】B。

3.【2020年真题】根据《标准设计施工总承包招标文件》，关于工程分包的说法，正确的是（　　）。

A. 承包人经发包人同意，可将全部施工分包给第三人

B. 承包人的分包合同，应由分包人向监理人提交副本备案

C. 承包人征得发包人同意，可将部分工程分包给有资质的分包人

D. 发包人、监理人和承包人共同对分包人进行分包管理

【答案】C。

【想对考生说】

本题是对设计施工总承包合同工程分包的考查，在2015年、2017年、2018年的考试中均对这一考点进行了考查。

4.【2019年真题】关于设计施工总承包合同的承包人的说法，正确的是（　）。

A. 承包人应当是独立承包人

B. 承包人的分包工作需要征得发包人同意

C. 承包人的分包工程需要经过承包人与发包人共同发包

D. 承包人的全部承包工作内容均可分包

【答案】B。

5.【2018年真题】根据《标准设计施工总承包招标文件》，关于联合体的说法，正确的有（　）。

A. 总承包合同的承包人可以是联合体

B. 联合体协议经联合体成员协商一致可以修改

C. 联合体协议为总承包合同的附件

D. 监理人在合同履行中仅与联合体牵头人或授权代表联系协调工作

E. 联合体成员的内部分工不是总承包合同内容

【答案】ACD。

【想对考生说】

关于联合体承包人的规定于2015年、2016年均以多项选择题的形式进行了考查。

上述历年真题比较全面，下面就不再准备习题了。

第三节　工程总承包合同订立

一、设计施工总承包合同文件

采分点1　合同文件的组成

【考生必掌握】

在标准总承包合同的通用条款中规定，履行合同过程中，构成对发包人和承包人有约束力合同的组成文件包括：

（1）合同协议书；

（2）中标通知书；

（3）投标函及投标函附录；

（4）专用条款；

（5）通用合同条款；

（6）发包人要求；

（7）承包人建议书；

> 助记口诀：
> （1）协议通知投标函；
> （2）专通条款未前三；
> （3）发包要求议清单。

（8）价格清单；

（9）其他合同文件——经合同当事人双方确认构成合同文件的其他文件。

组成合同的各文件中出现含义或内容的矛盾时，如果专用条款没有另行的约定，以上合同文件序号为优先解释的顺序。

【想对考生说】

这又是一个合同的组成文件，在第六章曾讲过《标准施工合同》的合同组成文件，都是合同的组成文件两者是否一样呢？两者是有相同项的〔（1）～（5）项〕，但并不是完全一致，要注意不要记混。

【历年这样考】

1.【2023年真题】根据《标准设计施工总承包招标文件》，对下列组成合同的文件：①发包人要求；②价格清单；③通用合同条款，正确的优先解释顺序是（　　）。

A.③—①—②　　　　　　　　　　　　B.②—③—①

C.③—②—①　　　　　　　　　　　　D.②—①—③

【答案】A。

【想对考生说】

本考点于2021年、2022年均以上述排序的形式进行了单项选择题的考核，此处仅以2023年真题为例作为参考。

2.【2019年真题】根据《标准设计施工总承包招标文件》，中标通知书、合同协议书和专用条款内容不一致时，如果专用条款没有另行约定，应以（　　）的内容为准。

A.合同协议书　　　　　　　　　　　B.中标通知书

C.专用条款　　　　　　　　　　　　D.发包人要求

【答案】A。

3.【2016年真题】根据《标准施工总承包招标文件》中的《合同条款及格式》，下列文件中，属于设计施工总承包合同组成文件的是（　　）。

A.工程量清单　　　　　　　　　　　B.发包人要求

C.单位分析表　　　　　　　　　　　D.发包人建议

【答案】B。

【想对考生说】

关于合同文件的组成一共有两个考点：一是组成文件有哪些？二是合同文件的解释顺序是什么？上述真题已经涵盖可考点及题型，因此下面就不再准备习题了。

采分点 2　几个文件的含义

【想对考生说】

在合同文件的组成中，有几个重要文件的概念及其组成内容需要考生着重理解和掌握，下面将逐点讲解"发包人要求文件""承包人建议书""价格清单文件""知识产权"。

【考生必掌握】

1. 发包人要求文件

发包人要求是承包人进行工程设计和施工的基础文件，应尽可能清晰准确。发包人要求文件的组成内容，如图 7-1 所示。

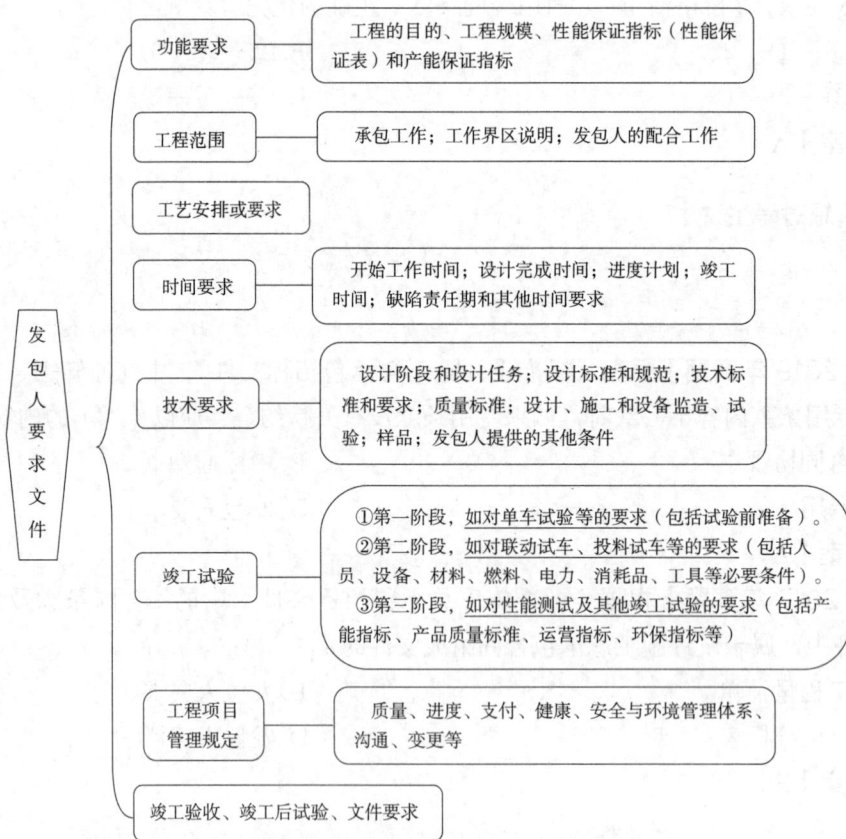

图 7-1　发包人要求文件的组成内容

2. 承包人建议书

承包人建议书是对"发包人要求"的响应文件，包括承包人的工程设计方案和设备方案的说明；分包方案；对发包人要求中的错误说明等内容。

3. 价格清单

价格清单是指承包人完成所提投标方案计算的设计、施工、竣工、试运行、缺陷责任期各阶段的计划费用，清单价格费用的总和为签约合同价。

4. 知识产权

承包人在投标文件中采用专利技术的，专利技术的使用费包含在投标报价内。

承包人在进行设计，以及使用任何材料、承包人设备、工程设备或采用施工工艺时，因侵犯专利权或其他知识产权所引起的责任，由承包人自行承担。

【历年这样考】

1.【2022 年真题】根据《标准设计施工总承包招标文件》，在工程竣工试验的第二阶段，发包人应提出对（   ）的要求。

A. 单车试验   B. 功能性试验

C. 联动试车   D. 性能测试

【答案】C。

2.【2021 年真题】根据《标准设计施工总承包招标文件》，投标人在投标文件中提出采用专利技术的，专利技术使用费的报价和评审正确的是（   ）。

A. 在投标报价外单列，单独进行投标报价评审

B. 包含在投标报价中，综合进行投标报价评审

C. 不进行报价，由评标委员会评估

D. 不计入报价，中标后单独报价评审

【答案】B。

3.【2020 年真题】根据《标准设计施工总承包招标文件》，关于采用专利技术的说法，正确的是（   ）。

A. 承包人采用专利技术的费用应包含在投标报价中

B. 承包人采用专利技术的费用应由发包人另行补偿

C. 承包人因侵犯专利权引起的责任由合同双方共同承担

D. 承包人因侵犯专利权引起的责任由发包人承担

【答案】A。

4.【2018 年真题】《设计施工总承包合同》的"价格清单"是指（   ）。

A. 承包人按照发包人提出的工程量清单而计算的报价单

B. 承包人按发包人的设计图纸概算量，填入单价后计算的合同价格

C. 承包人按其提出的投标方案计算的设计、施工、竣工、试运行、缺陷责任期各阶段的计划费用

D. 承包人向发包人的投标报价

【答案】C。

5.【2017 年真题】根据《标准设计施工总承包招标文件》中的《合同条款及格式》，"发包人要求"文件包含的内容有（   ）。

A. 工程项目管理规定　　　　　　　　B. 设计完成时间

C. 缺陷责任期服务要求　　　　　　　D. 合同价格清单

E. 设计标准和规范

【答案】ABCE。

【还会这样考】

根据《标准设计施工总承包招标文件》中的《合同条款及格式》，工程竣工试验分三个阶段，其中第三阶段进行的是（　　）。

A. 联动试车　　　　　　　　　　　　B. 投料试车

C. 单车试验　　　　　　　　　　　　D. 性能测试

【答案】D。

二、订立合同时需要明确的内容

【考生必掌握】

（1）承包人文件。承包人文件中最主要的是设计文件，需在专用条款约定承包人向监理人陆续提供文件的内容、数量和时间。

（2）施工现场范围和施工临时占地。

（3）发包人提供的文件。

（4）"发包人要求"中出现错误或违法情况的责任承担。

①对于发包人要求中错误导致承包人受到损失的后果责任，通用条款给出了两种供选择的条款，具体内容如图 7-2 所示。

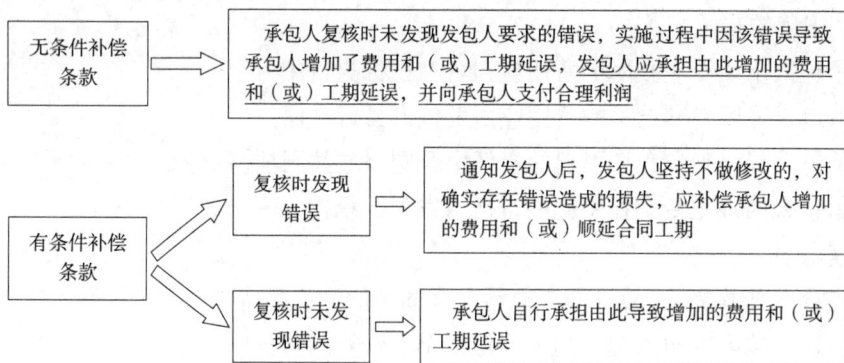

图 7-2　发包人要求中错误的处理

②无论承包人复核时发现与否，由于以下资料的错误，导致承包人增加费用和（或）延误的工期，均由发包人承担，并向承包人支付合理利润：发包人要求中引用的原始数据和资料；对工程或其任何部分的功能要求；对工程的工艺安排或要求；试验和检验标准；除合同另有约定外，承包人无法核实的数据和资料。

（5）材料和工程设备。

发包人是否负责提供工程材料和设备，在通用条款中也给出两种不同供选择的条款：一种是由承包人包工包料承包，发包人不提供工程材料和设备；另一种是发包人负责提供主材料和工程设备的包工部分包料承包方式。

（6）发包人提供的施工设备和临时工程。

（7）区段工程。

（8）暂列金额。

（9）不可预见物质条件。《标准设计施工总承包招标文件》通用条款中对风险责任承担的规定有两个供选择的条款：①由承包人承担；②由发包人承担。双方应当明确本合同选用哪一条款的规定。

（10）竣工后试验。竣工后试验是指工程竣工移交后，在缺陷责任期内投入运行期间，对工程的各项功能的技术指标是否达到合同规定要求而进行的试验。由于发包人已接受工程并进入运行期，因此试验所必需的电力、设备、燃料、仪器、劳力、材料等由发包人提供。竣工后试验由谁来进行，订立合同时应予以明确。

【历年这样考】

1.【2022年真题】根据《标准设计施工总承包招标文件》中的通用合同条款，可以由当事人在两种可供选择的条款中进行选择的情形有（　　）。

A.发包人是否提供竣工后试验所必需的燃料和材料

B.计日工费和暂估价是否包括在合同价格中

C.办理取得出入施工场地的道路通行权

D.发包人要求中的错误导致承包人受到损失

E.发包人是否提供施工设备和临时工程

【答案】BCDE。

2.【2021年真题】根据《标准设计施工总承包招标文件》，承包人文件中最主要的文件是（　　）。

A.设计文件 　　　　　　　　　　B.施工组织设计

C.价格清单 　　　　　　　　　　D.承包人建议书

【答案】A。

【想对考生说】

2016年的考试考查了相同采分点，干扰选项设置为"价格清单""分析软件""计算书"。

3.【2021年真题】根据《标准设计施工总承包招标文件》，合同双方需在专用合同条款中约定承包人向监理人提供的设计文件的（　　）。

A.内容 　　　　　　　　　　　　B.格式

C.数量 　　　　　　　　　　　　D.地点

E. 时间

【答案】ACE。

4.【2019年真题】根据《标准设计施工总承包招标文件》，关于竣工后试验的说法，正确的有（   ）。

A. 应当在工程竣工后、移交前进行

B. 应当在工程移交后的缺陷责任期内进行

C. 试验所必需的电力由发包人提供

D. 在专用条款中只能约定应当由发包人负责

E. 在专用条款中只能约定应当由承包人负责

【答案】BC。

5.【2018年真题】根据《设计施工总承包合同》，关于"发包人要求"中的错误，正确的处理方法是（   ）。

A. 将无条件补偿条款写入合同协议书

B. 将有条件补偿条款写入合同附录

C. 有条件补偿条款中，承包人复核时未发现的错误造成的损失由承包人承担

D. 将无条件或有条件补偿条款写入合同专用条款

【答案】C。

【想对考生说】

2015年的考试中也曾考查了"发包人要求"中的错误的正确处理方法，提问方式与本题基本相同。

从历年来的考查情况可以看出，关于订立合同时需明确的内容，考查的面较广，也没有扎堆考查的现象，建议考生每项内容都要记，不可只记考过的地方。

【还会这样考】

1. 根据《设计施工总承包合同》，对于"发包人要求"中的错误，在有条件补偿条款中，承包人复核时发现的错误通知在发包人后，发包人坚持不做修改的，对确实存在错误造成的损失，正确的处理方式是（   ）。

A. 发包人向承包人支付合理利润

B. 发包人补偿承包人增加的费用和（或）顺延合同工期

C. 发包人补偿承包人增加的费用和（或）顺延合同工期，并支付承包人合理利润

D. 承包人自行承担由此导致增加的费用和（或）工期延误

【答案】B。

2. 根据《设计施工总承包合同》，无论承包人复核时发现与否，由于（   ）等资料

的错误，导致承包人增加费用和（或）延误的工期，均由发包人承担，并向承包人支付合理利润。

A. 对工程的工艺安排或要求

B. 发包人要求中引用的任何数据和资料

C. 试验和检验标准

D. 对工程或其任何部分的功能要求

E. 除合同另有约定外，承包人无法核实的数据和资料

【答案】ACDE。

三、履约担保

履约担保见表 7-3。

履约担保　　　　　　　　　　　　　　　　　　　　　表 7-3

项目	内容
履约担保的有效期	（1）承包人应保证其履约担保在发包人颁发工程接收证书前一直有效。 （2）如果合同约定需要进行竣工后试验，承包人应保证其履约担保在竣工后试验通过前一直有效
履约担保延期的责任和费用承担	（1）如果工程延期竣工，承包人有义务保证履约担保继续有效。 （2）由于发包人原因导致延期的，继续提供履约担保所需的费用由发包人承担；由于承包人原因导致延期的，继续提供履约担保所需费用由承包人承担

【历年这样考】

【2022 年真题】根据《标准设计施工总承包招标文件》，承包人应保证其履约担保在（　　）前一直有效。

A. 承包人提出工程竣工验收申请　　　　B. 发包人颁发工程接收证书

C. 承包人提出工程竣工结算申请　　　　D. 发包人颁发工程缺陷责任终止证书

【答案】B。

【还会这样考】

根据《标准设计施工总承包招标文件》，关于履约担保有效期及延期的表述中，不正确的是（　　）。

A. 如果合同约定需要进行竣工后试验，承包人应保证其履约担保在竣工后试验通过前一直有效

B. 由于发包人原因导致延期的，继续提供履约担保所需的费用由发包人承担

C. 由于承包人原因导致延期的，继续提供履约担保所需费用由承包人承担

D. 如果工程延期竣工，承包人的履约担保有效期则可以提前终止

【答案】D。

四、保险责任

【想对考生说】

该部分内容在教材中所占篇幅不大，但考查频次确实很高，特别是"发包人办理保险"的相关知识考查的最多。

【考生必掌握】

1. 投保的险种

投保的险种，见表7-4。

投保的险种   表7-4

投保人	投保的险种	备注
发包人	工伤保险和人身意外伤害保险	发包人应为其现场机构雇佣的全部人员投保工伤保险和人身意外伤害保险，并要求监理人也进行此项保险
承包人	（1）建设工程设计责任险、建筑工程一切险或安装工程一切险。 （2）第三者责任险。 （3）工伤保险和人身意外伤害保险。 （4）为施工设备、进场的材料和工程设备等办理的其他保险	（1）投保建设工程设计责任险、建筑工程一切险或安装工程一切险应当向双方同意的保险人投保。具体的投保险种、保险范围、保险金额、保险费率、保险期限等有关内容应当在专用条款中明确约定。 （2）投保第三者责任险的担保期限，应保证颁发缺陷责任期终止证书前一直有效。 （3）承包人应为其履行合同所雇佣的全部人员投保工伤保险和人身意外伤害保险，并要求分包人也投保此项保险

2. 对承包人办理的各项保险的要求

（1）承包人变动保险合同条款：事先征得发包人同意，并通知监理人。

（2）保险人变动保险合同条款：承包人在收到保险人通知后立即通知发包人和监理人。

（3）承包人未按合同约定办理设计和工程保险、第三者责任保险，或未能使保险持续有效时，发包人可代为办理，所需费用由承包人承担。

【历年这样考】

1.【2021年真题】根据《标准设计施工总承包招标文件》，合同双方应在专用合同条款中约定设计和工程保险的（   ）。

A. 投保时间   B. 投保险种

C. 保险范围   D. 保险期限

E. 投保对象

【答案】BCD。

2.【2019年真题】根据《标准设计施工总承包招标文件》，关于责任保险的说法，正确的是（   ）。

A. 建设工程设计责任险应当由发包人投保

B. 选择建设工程设计责任险的保险人，应当经发包人与承包人双方同意

C. 第三者责任险应当由发包人与承包人共同投保

D. 发包人应当为承包人的施工设备投保

【答案】B。

3.【2017 年真题】根据《标准设计施工总承包招标文件》中的《合同条款及格式》，承包人应按照专用条款的约定投保建设工程设计责任险和工程保险，需要变动保险合同条款时，承包人的正确做法是（　　）。

A. 事先征得监理人同意，并通知设计人

B. 事先征得监理人同意，并通知发包人

C. 事先征得设计人同意，并通知监理人

D. 事先征得发包人同意，并通知监理人

【答案】D。

4.【2016 年真题】根据《标准设计施工总承包招标文件》中的《合同条款及格式》，发包人应投保的保险有（　　）。

A. 职业责任险

B. 现场人员工伤保险

C. 第三者责任险

D. 设计和工程保险

E. 现场人员意外伤害保险

【答案】BE。

【想对考生说】

本题同第 2 题均是对不同投保人应投保哪些险种的考查，看完这两道题目后还应当想到承包人应投保的险种有哪些？分包人应投保的险种又有哪些？

发包人、监理人、承包人、分包人投保险种中唯一相同的一项是工伤险和人身意外伤害险。

【还会这样考】

根据《标准设计施工总承包招标文件》中的《合同条款及格式》，保险人变动保险合同条款时，（　　）。

A. 应事先征得发包人同意，并通知监理人

B. 应事先征得监理人同意，并通知发包人

C. 应事先征得发包人和监理人的同意

D. 承包人应在收到保险人通知后立即通知发包人和监理人

【答案】D。

第四节　工程总承包合同履行管理

一、开始工作

【考生必掌握】

（1）符合专用条款约定的开始工作条件时，监理人获得发包人同意后应提前 7 天向承包人发出开始工作通知。

（2）合同工期自开始工作通知中载明的开始工作日期起计算。

（3）因发包人原因造成监理人未能在合同签订之日起 90 天内发出开始工作通知，承包人有权提出价格调整要求，或者解除合同。

【历年这样考】

【2021 年真题】根据《标准设计施工总承包招标文件》，因发包人原因造成监理人未能在合同签订之日起（　　）天内发出开始工作通知，承包人有权提出价格调整或解除合同。

A. 30　　　　　　　　　　　　　　B. 60

C. 90　　　　　　　　　　　　　　D. 120

【答案】C。

【还会这样考】

根据《标准设计施工总承包招标文件》，符合专用条款约定的开始工作条件时，监理人获得发包人同意后应提前（　　）天向承包人发出开始工作通知。

A. 7　　　　　　　　　　　　　　B. 14

C. 21　　　　　　　　　　　　　　D. 28

【答案】A。

二、设计工作的合同管理

【考生必掌握】

1. 承包人的设计义务

（1）承包人应按照法律规定，以及国家、行业和地方规范和标准完成设计工作，并符合发包人要求。

注意：承包人完成设计工作所应遵守的法律规定，以及国家、行业和地方规范和标准，均应采用基准日期适用的版本。发包人或监理人应在收到遵守新规定建议后 7 天内发出是否遵守新规定的指示。

（2）承包人的设计应遵守发包人要求和承包人建议书的约定，保证设计质量。

（3）承包人应按照发包人要求，在合同进度计划中专门列出设计进度计划，报发包人批准后执行。

2. 设计审查

设计审查的相关内容，如图 7-3 所示。

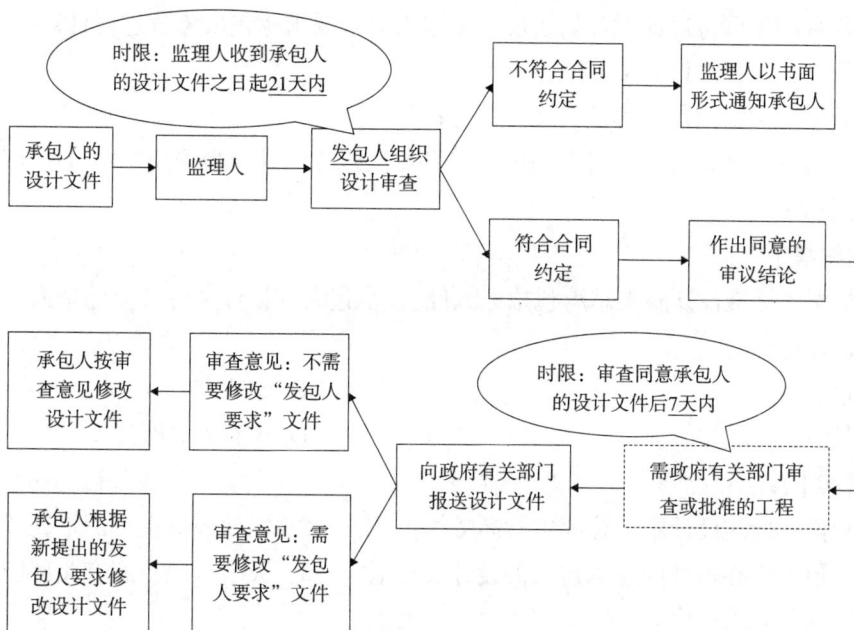

图 7-3　设计审查

【历年这样考】

1.【2022 年真题】根据《标准设计施工总承包招标文件》，自监理人收到承包人的设计文件之日起，对设计文件的审查期限不应超过（　）天。

A. 21

B. 28

C. 42

D. 56

【答案】A。

【想对考生说】

本题要点于 2020 年做了相同形式的时限考核，重复考核的概率较大，考生对此处的干扰时限也要有所了解。

2.【2022 年真题】根据《标准设计施工总承包招标文件》，发包人、承包人或监理人需要在 7 天内完成相应工作的情形有（　）。

A. 监理人获得发包人同意后向承包人发出开始工作通知

B. 监理人收到承包人报送的进度款支付分解报告给予批复

C. 发包人收到承包人提出遵守新规定的建议后发出指示

D. 监理人收到承包人进度付款申请单后进行审核

E. 承包人在发出索赔意向通知书后向监理人正式递交索赔通知书

【答案】ABCD。

3.【2019年真题】根据《标准设计施工总承包招标文件》，关于设计管理的说法，正确的是（　　）。

A. 设计的实际进度滞后计划进度，发包人无权要求承包人修改进度计划

B. 发包人无权对设计文件进行审查

C. 政府有关部门仅需对设计文件进行备案

D. 承包人完成设计工作遵守的国家、行业和地方标准应当采用基准日适用的版本

【答案】D。

【还会这样考】

1. 根据《标准设计施工总承包招标文件》，承包人的设计文件提交监理人后，（　　）应组织设计审查。

A. 发包人　　　　　　　　　　　　B. 监理人

C. 设计人　　　　　　　　　　　　D. 政府有关部门

【答案】A。

2. 根据《标准设计施工总承包招标文件》，设计文件需政府有关部门审查或批准的工程，发包人应在审查同意承包人的设计文件后（　　）天内，向政府有关部门报送设计文件，承包人予以协助。

A. 7　　　　　　　　　　　　　　B. 10

C. 15　　　　　　　　　　　　　　D. 20

【答案】A。

三、工程款支付管理

【考生必掌握】

【想对考生说】

预付款的规定与标准施工合同相同。关于工程进度付款，首先需要了解其基本流程，知道有怎样的先后顺序。

（1）工程进度付款的基本流程，如图7-4所示。

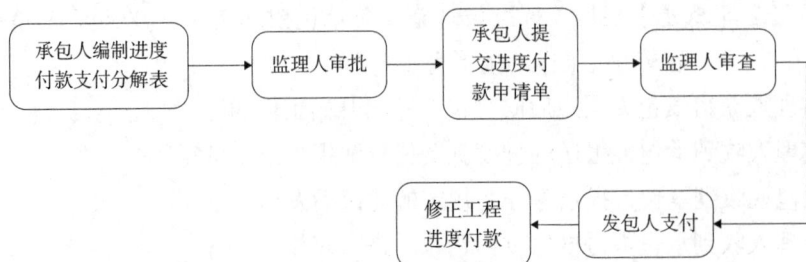

承包人编制进度付款支付分解表 → 监理人审批 → 承包人提交进度付款申请单 → 监理人审查

修正工程进度付款 ← 发包人支付 ← （监理人审查）

图7-4　工程进度付款的基本流程

（2）承包人应根据价格清单的价格构成、费用性质、计划发生时间和相应工作量等因素，对拟支付的款项进行分解并编制支付分解表。

【历年这样考】

1.【2023年真题】某工程实施过程中，监理人于2023年3月3日收到承包人提交的2月份进度付款申请单及支持性证明文件，并于3月10日完成审核。根据《标准设计施工总承包招标文件》，发包人向承包人支付该笔进度款的最迟时间应是2023年（　）。

A.4月9日　　　　　　　　　　　B.4月7日

C.3月31日　　　　　　　　　　D.3月17日

【答案】 C。

2.【2016年真题】根据《标准施工总承包招标文件》中的《合同条款及格式》，承包人应根据价格清单中的价格构成、费用性质、计划发生时间和相应工作量等因素编制（　）。

A.工程进度款支付分解表　　　　B.投资计划使用分配表

C.工程进度款使用计划表　　　　D.建设资金平衡表

【答案】 A。

【想对考生说】

在2015年的考试中曾对本题题干中的工程进度款支付分解表的编制因素进行了考查，题目是这样设置的："根据《标准设计施工总承包合同》，承包人在编制进度款支付分解表时，对拟支付的款项进行分解应考虑的因素有（　）。"

【还会这样考】

根据《标准施工总承包招标文件》中的《合同条款及格式》，承包人应对拟支付的款项进行分解并编制支付分解表。按照价格清单中的单价，结合合同进度计划对应的工作量进行分解的是（　）。

A.勘察设计费　　　　　　　　　B.材料和工程设备费

C.技术服务培训费　　　　　　　D.工程价款

【答案】 C。

四、变更管理

【考生必掌握】

1.监理人指示的变更

监理人指示变更的流程，如图7-5所示。

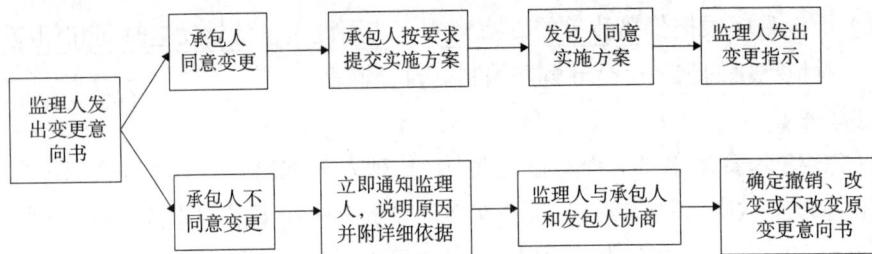

图7-5 监理人指示变更的流程

2. 监理人发出文件的内容构成变更

承包人收到监理人按合同约定发给的文件，认为其中存在对"发包人要求"构成变更情形时，可向监理人提出书面变更建议。监理人收到承包人书面建议与发包人共同研究后，确认存在变更时，应在收到承包人书面建议后的<u>14天</u>内作出变更指示；不同意作为变更的，应书面答复承包人。

3. 承包人提出的合理化建议

履行合同过程中，承包人可以书面形式向监理人提交改变"<u>发包人要求</u>"文件中有关内容的合理化建议书。<u>监理人</u>应与<u>发包人</u>协商是否采纳承包人的建议。建议被采纳并构成变更，由<u>监理人</u>向承包人发出变更指示。

【历年这样考】

1.【2023年真题】根据《标准设计施工总承包招标文件》，"变更"是指根据变更条款的约定，经指示或批准对（   ）所做的改变。

A. 承包人文件或工程　　　　　　　　　B. 发包人要求或工程

C. 承包人要求或费用　　　　　　　　　D. 监理人指示或费用

【答案】B。

2.【2017年真题】根据《标准设计施工总承包招标文件》中的《合同条款及格式》，在合同履行过程中，承包人提出合理化建议时，正确的处理程序是（   ）。

A. 承包人向监理人提出→监理人与发包人协商→监理人向承包人发出变更指示

B. 承包人向监理人提出→监理人向发包人报告→发包人与承包人协商合同变更

C. 承包人向发包人提出→发包人与监理人协商→监理人向承包人发出变更指示

D. 承包人向发包人提出→发包人通知监理人→监理人向承包人发出变更指示

【答案】A。

3.【2015年真题】根据《标准设计施工总承包合同》，"变更管理"正确程序是（   ）。

A. 发包人发出变更指示→承包人提交实施方案→监理人审批方案→监理人签发变更指令

B. 监理人发出变更意向书→承包人提交实施方案→监理人审批方案→监理人签发变更指令

C. 监理人发出变更意向书→承包人提交实施方案→发包人同意实施方案→监理人签发变更指令

D. 发包人发出变更意向书→承包人提交实施方案→发包人同意实施方案→监理人签发变更指令

【答案】C。

【想对考生说】

以上两道考程序的题目，一道考查的是监理人指示的变更流程，另一道考查的是承包人提出的合理化建议的变更流程，都是对流程的考查，且采用了同样的考查形式。鉴于此，考生还应重点记忆监理人发出文件的内容构成变更的流程。

【还会这样考】

根据《标准设计施工总承包招标文件》中的通用合同条款，向承包人作出有关发包人要求改变的变更指示，只能由（　）发出。

A. 发包人　　　　　　　　　　B. 总承包人

C. 监理人　　　　　　　　　　D. 设计人

【答案】C。

五、索赔管理

【考生必掌握】

【想对考生说】

《设计施工总承包合同》通用条款中，对发包人和承包人索赔的程序规定与《标准施工合同》相同，但涉及承包人索赔的条款却不同。《设计施工总承包合同》通用条款中涉及承包人索赔的条款共28项，与《标准施工合同》的情况相同，工期、费用、利润三个均补偿的占大多数，只能补偿两个或一个的却只有11项，因此这里还是建议考生"只记特殊的"。

《设计施工总承包合同》通用条款中，可以给承包人补偿的条款，见表7-5。

涉及承包人索赔的条款（部分）　　　　　　　　　表7-5

原因	可补偿内容		
	工期	费用	利润
化石、文物	√	√	
争议评审组对监理人确定的修改	√	√	
为他人提供方便		√	

续表

原因	可补偿内容		
	工期	费用	利润
不可预见物质条件	√	√	
发包人要求提前交货		√	
发包人提供的材料、设备不符合要求	√	√	
异常恶劣的气候条件	√	√	
行政审批延误	√	√	
法律变化引起的调整	商定或确定处理		
缺陷责任期内非承包人原因缺陷的修复		√	√
发包人违约解除合同		√	√

【历年这样考】

1.【2022年真题】根据《标准设计施工总承包招标文件》，承包人可获得工期、费用和利润补偿的情形有（　　）。

A.发包人违约解除合同　　　　　　B.不可抗力发生后的工程照管

C.不可预见物质条件　　　　　　　D.发包人原因影响设计进度

E.监理人指示延误或错误

【答案】BDE。

【想对考生说】

（1）历年考试中对《设计施工总承包合同》中的承包人索赔考查力度也是比较大的，在2015年、2018年、2020年、2021年、2022年和2023年各考了一道题目。

（2）同《标准施工合同》中的承包人索赔的情况一样，对《设计施工总承包合同》中的承包人索赔也只会对"情形"进行考查，不会考查补偿内容是什么。

2.【2021年真题】根据《标准设计施工总承包招标文件》，合同履行过程中发生（　　）情形的，承包人仅可获得工期、费用补偿，而不能获得利润补偿。

A.争议评审组对监理人确定的修改　　B.异常恶劣的气候条件

C.基准资料有误　　　　　　　　　　D.发包人原因造成质量不合格

E.行政审批延误

【答案】ABE。

【想对考生说】

2018年同样是以多项选择题形式考查可获得工期、费用补偿，而不能获得利润补偿的题目。

【还会这样考】

根据《设计施工总承包合同》通用条款，发包人只对承包人补偿费用的情形有（   ）。

A. 发包人违约解除合同　　　　B. 法律变化引起的调整

C. 发包人原因造成质量不合格　D. 为他人提供方便

E. 发包人要求提前交货

【答案】DE。

六、竣工验收的合同管理

【考生必掌握】

1. 承包人申请竣工试验

承包人应提前21天将申请竣工试验的通知送达监理人，并按照专用条款约定的份数，向监理人提交竣工记录、暂行操作和维修手册。

2. 竣工试验程序

第一阶段，承包人进行适当的检查和功能性试验。

第二阶段，承包人进行试验，保证工程或区段工程满足合同要求。

第三阶段，当工程能安全运行时，承包人应通知监理人，可以进行其他竣工试验，包括各种性能测试。

某项竣工试验未能通过时，承包人应按照监理人的指示限期改正，并承担合同约定的相应责任。竣工试验通过后，承包人应按合同约定进行工程及工程设备试运行。

3. 竣工验收

经验收合格工程，监理人经发包人同意后向承包人签发工程接收证书。证书中注明的实际竣工日期，以提交竣工验收申请报告的日期为准。

【历年这样考】

1.【2016年真题】根据《标准设计施工总承包招标文件》中的《合同条款及格式》，竣工试验分三阶段进行，其中第一阶段进行的是（   ）。

A. 联动试车　　　　　　　　　B. 保证工程满足合同要求的试验

C. 功能性试验　　　　　　　　D. 产能及环保指标测试

【答案】C。

2.【2016年真题】根据《标准设计施工总承包招标文件》中的《合同条款及格式》，关于竣工验收及竣工后试验的说法，正确的有（   ）。

A. 承包人应在竣工试验通过后按合同约定进行工程设备试运行

B. 承包人应提前21天将申请竣工试验的通知送达监理人

C. 工程验收合格后，发包人直接向承包人签发工程接收证书

D. 竣工后试验通常在缺陷责任期内工程安全稳定运行一段时间后进行

E. 工程接收证书中注明的实际竣工日期以验收合格的日期为准

【答案】ABD。

【还会这样考】

根据《标准设计施工总承包招标文件》中的《合同条款及格式》，承包人应提前（　　）天将申请竣工试验的通知送达监理人，并按照专用条款约定的份数，向监理人提交竣工记录、暂行操作和维修手册。

A. 7　　　　　　　　　　　　　　　　　　B. 14

C. 21　　　　　　　　　　　　　　　　　D. 28

【答案】C。

七、缺陷责任期管理

【考生必掌握】

1. 承包人修复工程缺陷

（1）缺陷责任期内，<u>发包人</u>对已接收使用的工程负责日常维护工作。已接收的工程存在新的缺陷或已修复的缺陷部位或部件又遭损坏，由<u>承包人</u>负责修复。缺陷责任期内承包人为缺陷修复工作，有权进入工程现场，但应遵守发包人的保安和保密的规定。

（2）工程缺陷或损坏的原因，属于承包人原因造成的，<u>由承包人承担修复和查验的费用</u>。

（3）工程缺陷或损坏的原因，属于发包人原因造成的，<u>发包人应承担修复和查验的费用</u>，并支付承包人合理利润。

（4）缺陷责任期最长不超过<u>2年</u>。

2. 竣工后试验

（1）对于大型工程为了检验承包人的设计，设备选型和运行情况等的技术指标是否满足合同的约定，通常在缺陷责任期内工程稳定运行一段时间后，在专用条款约定的时间内进行竣工后试验。竣工后试验按专用条款的约定由<u>发包人或承包人</u>进行。

（2）发包人进行竣工试验：发包人应将竣工后试验的日期提前<u>21天</u>通知承包人。如果承包人未能在该日期出席竣工后试验，发包人可自行进行试验。

（3）承包人进行竣工试验：发包人应提前21天将竣工后试验的日期通知承包人。承包人应在发包人在场的情况下，进行竣工后试验。

【想对考生说】

通过（2）、（3）项的比对可以看出，发包人进行竣工试验的，即便承包人不在场发包人也可自行进行试验；而承包人进行竣工试验的，承包人应在发包人在场的情况下，进行试验。

【历年这样考】

【2017 年真题】根据《标准设计施工总承包招标文件》中的《合同条款及格式》，关于缺陷责任期及竣工后试验的说法，正确的有（　　）。

A. 承包人应负责缺陷责任期内工程的日常维护工作

B. 竣工后试验应在缺陷责任期内进行

C. 发包人应提前 28 天将竣工后试验的日期通知承包人

D. 缺陷责任期内承包人有权进入工程现场修复工程缺陷

E. 竣工后试验应按专用合同条款约定由发包人或承包人进行

【答案】BDE。

【想对考生说】

缺陷责任期、竣工验收及竣工后试验的相关知识很重要，除了本题外，在 2015 年、2016 年的考试中也都以说法正确与否的方式对其进行了考查。

第八章 建设工程材料设备采购合同管理

第一节 材料设备采购合同特点及分类

一、建设工程材料设备采购合同的概念与特点

【考生必掌握】

1. 概念

建设工程材料设备采购合同，是出卖人转移建设工程材料设备的所有权于买受人，买受人支付价款的合同。建设工程材料设备采购合同属于买卖合同，因此具有买卖合同的一般特点：以转移财产所有权为目的；出卖人转移财产所有权，必须以买受人支付价款为对价；属于双务、有偿、诺成合同。

2. 特点

建设工程材料设备采购合同的特点，如图 8-1 所示。

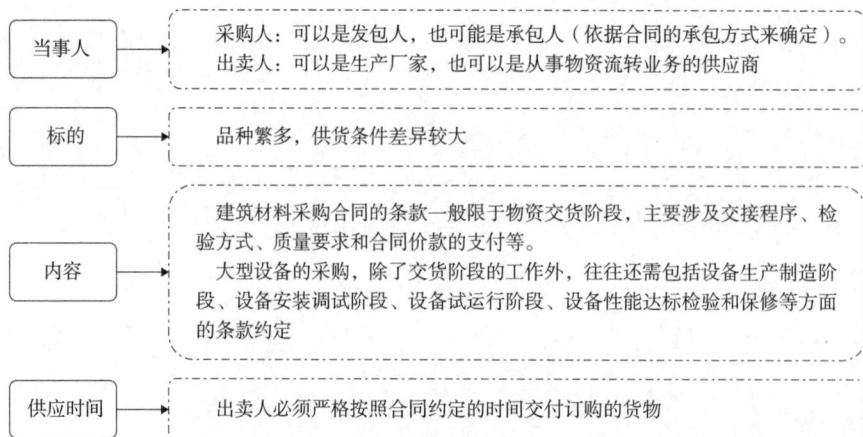

当事人	采购人：可以是发包人，也可能是承包人（依据合同的承包方式来确定）。 出卖人：可以是生产厂家，也可以是从事物资流转业务的供应商
标的	品种繁多，供货条件差异较大
内容	建筑材料采购合同的条款一般限于物资交货阶段，主要涉及交接程序、检验方式、质量要求和合同价款的支付等。 大型设备的采购，除了交货阶段的工作外，往往还需包括设备生产制造阶段、设备安装调试阶段、设备试运行阶段、设备性能达标检验和保修等方面的条款约定
供应时间	出卖人必须严格按照合同约定的时间交付订购的货物

图 8-1 建设工程材料设备采购合同的特点

【历年这样考】

1.【2023 年真题】建设工程材料设备可采用询价方式进行采购，买卖双方意思表示一致，合同即可成立，并不以实物的交付为合同成立的条件，这类合同属于（　　）合同。

A. 实践

B. 双务

C. 信用

D. 诺成

【答案】D。

2.【2022 年真题】建设工程材料设备采购合同的属性有（　　）。

A. 主合同

B. 从合同

C. 双务、有偿合同

D. 诺成合同

E. 委托合同

【答案】CD。

3.【2021 年真题】建设工程材料采购合同条款主要涉及的内容有（　　）。

A. 材料生产制造

B. 材料交接程序

C. 质量检验方式

D. 材料质量要求

E. 合同价款支付

【答案】BCDE。

4.【2019 年真题】关于建设工程材料采购合同的说法，正确的有（　　）。

A. 以取得材料所有权为目的

B. 以取得材料使用权为目的

C. 是双务合同

D. 是实践性合同

E. 是无偿合同

【答案】AC。

5.【2016 年真题】建设工程材料设备采购合同属于买卖合同，除法律有特殊规定外，作为合同成立的条件是（　　）。

A. 标的物交付

B. 当事人之间意思表示一致

C. 货款交付

D. 材料设备所有权转移

【答案】B。

【还会这样考】

下列关于建设工程材料设备采购合同特点的说法，正确的是（　　）。

A. 建设工程材料设备采购合同的买受人只能是发包人

B. 从事物资流转业务的供应商不能作为采购合同的出卖人

C. 建筑材料采购合同的条款一般限于物资交货阶段

D. 鼓励建设工程材料设备采购合同的出卖人提前交货

【答案】C。

二、建设工程材料设备采购合同的分类及合同文本的构成

【考生必掌握】

（1）按照不同的标准，建设工程材料设备采购合同可以有不同的分类，如图8-2所示。

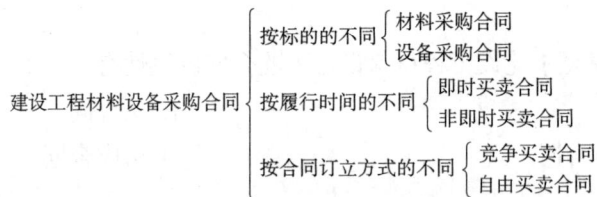

图 8-2　建设工程材料设备采购合同的分类

（2）由于建设工程材料设备采购合同的标的数量较大，<u>一般都采用非即时买卖合同</u>。非即时买卖合同的表现有很多种，在建设工程材料设备采购合同比较常见的是<u>货样买卖、试用买卖、分期交付买卖和分期付款买卖</u>等。

（3）九部委发布的《标准材料采购招标文件》和《标准设备采购招标文件》中的合同文本均由通用合同条款、专用合同条款和合同附件格式构成。材料、设备采购合同文件的优先解释顺序见表8-1。

材料、设备采购合同文件的优先解释顺序　　　　　　　　表 8-1

项目	内容
材料采购合同	除专用合同条款另有约定外，材料采购合同解释合同文件的优先顺序如下：（1）合同协议书；（2）中标通知书；（3）投标函；（4）商务和技术偏差表；（5）专用合同条款；（6）通用合同条款；（7）供货要求；（8）分项报价表；（9）中标材料质量标准的详细描述；（10）相关服务计划；（11）其他合同文件
设备采购合同	除专用合同条款另有约定外，设备采购合同解释合同文件的优先顺序如下：（1）合同协议书；（2）中标通知书；（3）投标函；（4）商务和技术偏差表；（5）专用合同条款；（6）通用合同条款；（7）供货要求；（8）分项报价表；（9）中标设备技术性能指标的详细描述；（10）技术服务和质保期服务计划；（11）其他合同文件

【历年这样考】

1.【2022年真题】根据《标准设备采购招标文件》，组成设备采购合同的文件有（　　）。

A. 分项报价表　　　　　　　　　　　B. 招标文件

C. 供货要求　　　　　　　　　　　　D. 技术服务计划

E. 商务和技术偏差表

【答案】ACDE。

2.【2019年真题】关于货样买卖合同的说法，正确的是（　　）。

A. 货样买卖适用于即时买卖合同

B. 货样买卖应当封存样品

C. 样品是交付标的物时的质量参考

D. 样品存在隐蔽瑕疵的，交货时的瑕疵风险由买受人承担

【答案】B。

【想对考生说】

　　2014年的考试中同样对货样买卖合同和试用买卖的相关内容进行了考查，从历年的考试情况来看，对四类常见的即时买卖合同的考查点主要集中在货样买卖和试用买卖上，而分期交付买卖和分期付款买卖从未考过。

3.【2015年真题】建设工程材料设备采用非即时买卖合同的种类有（　　）。

A. 货样买卖　　　　　　　　　　B. 分期交付买卖

C. 试用买卖　　　　　　　　　　D. 异地交付买卖

E. 分期付款买卖

【答案】ABCE。

【还会这样考】

1. 建设工程材料设备采购合同按照合同订立的方式不同可分为（　　）。

A. 材料采购合同　　　　　　　　B. 竞争买卖合同

C. 设备采购合同　　　　　　　　D. 自由买卖合同

E. 即时买卖合同

【答案】BD。

2. 根据《标准材料采购招标文件》，下列组成材料采购的合同的文件中，解释顺序最优的是（　　）。

A. 中标材料质量标准的详细描述　　　B. 投标函

C. 专用合同条款　　　　　　　　D. 商务和技术偏差表

【答案】B。

第二节　材料采购合同履行管理

一、合同价格与支付

【考生必掌握】

1. 合同价格

（1）合同协议书中载明的签约合同价包括卖方为完成合同全部义务应承担的一切成本、费用和支出以及卖方的合理利润。

（2）除专用合同条款另有约定外，供货周期不超过 12 个月的签约合同价为固定价格。供货周期超过 12 个月且合同材料交付时材料价格变化超过专用合同条款约定的幅度的，双方应按照专用合同条款中约定的调整方法对合同价格进行调整。

2. 合同价款的支付

除专用合同条款另有约定外，买方应通过预付款、进度款、结清款的方式和比例向卖方支付合同价款，具体见表 8-2。

合同价款的支付　　　　　　　　　　　　　　　　　表 8-2

支付方式		内容
预付款	支付时间	买方在收到卖方开具的注明应付预付款金额的财务收据正本一份并经审核无误后 28 日内
	金额	签约合同价的 10%
	适用	买方支付预付款后，如卖方未履行合同义务，则买方有权收回预付款；如卖方依约履行了合同义务，则预付款抵作进度款
进度款	支付时间	卖方按照合同约定的进度交付合同材料并提供相关服务后，买方在收到卖方提交的相关单据并经审核无误后 28 日内
	金额	该批次合同材料的合同价格的 95%
	卖方提交的单据	卖方出具的交货清单正本一份；买方签署的收货清单正本一份；制造商出具的出厂质量合格证正本一份；合同材料验收证书或进度款支付函正本一份；合同价格 100% 金额的增值税发票正本一份
结清款	支付时间	全部合同材料质量保证期届满后，买方在收到卖方提交的由买方签署的质量保证期届满证书并经审核无误后 28 日内
	金额	合同价格的 5%

【历年这样考】

1.【2022 年真题】根据《标准材料采购招标文件》，除专用合同条款另有约定外，材料采购合同生效后，买方应在约定时间内向卖方支付签约合同价的（　　）作为预付款。

A. 30% B. 20%

C. 15% D. 10%

【答案】D。

2.【2021 年真题】根据《标准材料采购招标文件》，全部合同材料质量保证期届满后，买方应在规定时间内向卖方支付合同价格（　　）的结清款。

A. 10% B. 5%

C. 3% D. 2%

【答案】B。

3.【2020 年真题】根据《标准材料采购招标文件》中的通用合同条款，材料采购支付的合同价款有（　　）。

A. 预付款 B. 交货款

C. 进度款 D. 验收款

E. 结清款

【答案】ACE。

【想对考生说】

2020 年的真题对合同价款的支付方式及进度款支付中卖方提交的单据有哪些进行了集中性的考核,可见其重要性。考生要作为重点掌握,更要掌握预付款、进度款和结清款金额的百分比,应避免造成混淆。

【还会这样考】

合同生效后,买方在收到卖方开具的注明应付预付款金额的财务收据正本一份并经审核无误后 28 日内,向卖方支付签约合同价的（　　）作为预付款。

A. 7%

B. 10%

C. 28%

D. 95%

【答案】B。

二、标记、运输和交付

【考生必掌握】

1. 标记

如果合同材料中含有易燃易爆物品、腐蚀物品、放射性物质等危险品,卖方应标明危险品标志。

2. 运输

（1）卖方应自行选择适宜的运输工具及线路安排合同材料运输。

（2）除专用合同条款另有约定外,卖方应在合同材料预计启运 7 日前,将合同材料名称、装运材料数量、重量、体积、合同材料单价、总金额、运输方式、预计交付日期和合同材料在装卸、保管中的注意事项等预通知买方,并在合同材料启运后 24 小时之内正式通知买方。

（3）如果合同材料中包括单个包装超大和（或）超重的,卖方应将超大和（或）超重的每个包装的重量和尺寸通知买方;如果合同材料中包括易燃易爆物品、腐蚀物品、放射性物质等危险品,则危险品的品名、性质、在装卸、保管方面的特殊要求、注意事项和处理意外情况的方法等,也应一并通知买方。

3. 交付

（1）除专用合同条款另有约定外,卖方应根据合同约定的交付时间和批次在施工场地卸货后将合同材料交付给买方。买方签发收货清单不代表对合同材料的接受,双方还应按合同约定进行后续的检验和验收。

（2）合同材料的所有权和风险自交付时起由卖方转移至买方,合同材料交付给买方之前包括运输在内的所有风险均由卖方承担。

【历年这样考】

1.【2021 年真题】根据《标准材料采购招标文件》,合同材料的所有权和风险自（　　）时由卖方转移到买方。

A. 交付   B. 核验

C. 清点   D. 签约

【答案】A。

2.【2020 年真题】根据《标准材料采购招标文件》中的通用合同条款，合同约定的材料运输至施工场地卸货交付后，该材料的照管责任及风险应由（　　）承担。

A. 卖方   B. 买方

C. 卖方和买方   D. 材料生产厂家

【答案】B。

【还会这样考】

下列关于材料采购合同运输要求的说法中，正确的是（　　）。

A. 卖方只能自行根据买方的要求选择运输工具及线路运输合同材料

B. 卖方应在合同材料预计启运 14 日前，将相关事项预通知买方

C. 合同材料中包括单个包装超大和超重的，卖方应将所有包装箱的重量和尺寸通知买方

D. 合同材料中包括危险品的，卖方应将危险品在装卸、保管方面的特殊要求、注意事项和处理意外情况的方法，一并通知买方

【答案】D。

三、检验和验收

【考生必掌握】

1. 买卖双方的检验

买卖双方的检验，见表 8-3。

表 8-3

买卖双方的检验

项目	内容
卖方的检验	合同材料交付前，卖方应对其进行全面检验，并在交付合同材料时向买方提交合同材料的质量合格证书
买方的检验	检验方式： （1）由买方对合同材料进行检验； （2）由专用合同条款约定的拥有资质的第三方检验机构对合同材料进行检验； （3）专用合同条款约定的其他方式

2. 检验日期与地点

（1）买方应在检验日期 3 日前将检验的时间和地点通知卖方，卖方应自负费用派遣代表参加检验。若卖方未按买方通知到场参加检验，则检验可正常进行，卖方应接受对合同材料的检验结果。

（2）除专用合同条款另有约定外，买方在全部合同材料交付后 <u>3 个月</u>内未安排检验和验收的，<u>卖方</u>可签署<u>进度款支付函</u>提交买方，如买方在收到后 <u>7 日内</u>未提出书面异议，则进度款支付函自<u>签署之日</u>起生效。

【想对考生说】

注意：进度款支付函的生效不免除卖方继续配合买方进行检验和验收的义务。

3. 检验合格

（1）合同材料经检验合格，买卖双方应签署合同材料验收证书，一式两份，双方各持一份。

（2）合同材料由第三方检验机构进行检验的，第三方检验机构的检验结果对双方均具有约束力。

【想对考生说】

注意：同进度款支付函一样，合同材料验收证书的签署不能免除卖方在质量保证期内对合同材料应承担的保证责任。

【历年这样考】

1.【2022 年真题】根据《标准材料采购招标文件》，合同材料交付前，卖方应对其进行全面检验，并在交付合同材料时向买方提交合同材料的质量证明文件是（　　）。

A. 质量检测报告　　　　　　　　　B. 产品核验清单

C. 第三方检测证明　　　　　　　　D. 质量合格证书

【答案】 D。

2.【2020 年真题】根据《标准材料采购招标文件》中通用合同条款，合同约定的材料经验收合格，买卖双方应签署的文件为（　　）。

A. 质量合格证　　　　　　　　　　B. 进度款支付证

C. 验收证书　　　　　　　　　　　D. 验收款支付证

【答案】 C。

【还会这样考】

材料交付后，买方应在专用合同条款约定的期限内安排对合同材料的规格、质量等进行检验。买方应在检验日期 3 日前将检验的时间和地点通知卖方，此时卖方（　　）。

A. 应派遣代表参加检验，自负费用

B. 应派遣代表参加检验，费用由买方承担

C. 未到场参加检验，检验将无法进行

D. 应签署进度款支付函

【答案】 A。

四、违约责任

【考生必掌握】

1. 违约责任的承担方式

合同一方不履行合同义务、履行合同义务不符合约定或者违反合同项下所作保证的，应向对方承担<u>继续履行、采取补救措施</u>或者<u>赔偿损失</u>等违约责任。

2. 卖方迟延交货违约金

关于卖方迟延交货违约金需要重点掌握以下几个要点：

（1）支付迟延交货违约金，不能免除卖方继续交付合同材料的义务。

（2）计算方法如下：<u>延迟交付违约金 = 延迟交付材料金额 ×0.08%× 延迟交货天数</u>。

（3）最高限额为合同价格的 <u>10%</u>。

3. 买方延迟付款违约金

关于买方延迟付款违约金需要重点掌握以下几个要点：

（1）计算方法如下：延迟付款违约金 = 延迟付款金额 ×0.08%× 延迟付款天数。

（2）总额不得超过合同价格的 <u>10%</u>。

【历年这样考】

1.【2023 年真题】根据《标准材料采购招标文件》，合同违约方承担违约责任的方式有（　　）。

A. 增加履约保证金 　　　　　　　　B. 采取补救措施

C. 赔偿损失 　　　　　　　　　　　D. 继续履约

E. 支付罚金

【答案】BCD。

2.【2023 年真题】根据《标准材料采购招标文件》，材料迟延交付违约金的最高限额是（　　）。

A. 迟交材料价格的 10% 　　　　　　B. 合同价格的 10%

C. 迟交材料价格的 25% 　　　　　　D. 合同价格的 25%

【答案】B。

3.【2020 年真题】根据《标准材料采购招标文件》中的通用合同条款，因卖方未能按时支付合同约定的材料时，每延迟交货一天，应向买方支付延迟交付金额（　　）的违约金。

A. 0.08% 　　　　　　　　　　　　B. 0.5%

C. 0.8% 　　　　　　　　　　　　D. 1.0%

【答案】A。

【还会这样考】

下列关于卖方迟延交货违约金的说法中，正确的是（　　）。

A. 支付迟延交货违约金，可以免除卖方继续交付合同材料的义务

B. 延迟交付违约金 = 延迟付款金额 ×0.08%× 延迟付款天数

C. 最高限额为合同价格的 10%

D. 总额不得超过签约合同价的 10%

【答案】C。

第三节 设备采购合同履行管理

一、合同价格与支付

【考生必掌握】

1. 合同价格

合同协议书中载明的签约合同价包括卖方为完成合同全部义务应承担的一切成本、费用和支出以及卖方的合理利润。

2. 合同价款的支付

除专用合同条款另有约定外，买方应通过预付款、交货款、验收款、结清款等方式和比例向卖方支付合同价款，具体内容见表 8-4。

合同价款的支付　　　　　　　　　　　表 8-4

支付方式		内容
预付款	支付时间	买方收到卖方开具的注明应付预付款金额的财务收据正本一份并经审核无误后 28 日内
	金额	签约合同价的 10%
	适用	卖方未履行合同义务，买方有权收回预付款；卖方依约履行了合同义务，则预付款抵作合同价款
交货款	支付时间	卖方按合同约定交付全部合同设备后，买方在收到卖方提交的单据并经审核无误后 28 日内
	金额	合同价格的 60%
验收款	支付时间	买方在收到卖方提交的买卖双方签署的合同设备验收证书或已生效的验收款支付函正本一份并经审核无误后 28 日内
	金额	合同价格的 25%
结清款	支付时间	买方在收到卖方提交的买方签署的质量保证期届满证书或已生效的结清款支付函正本一份并经审核无误后 28 日内
	金额	合同价格的 5%

【想对考生说】

上表中卖方提交的单据包括：（1）卖方出具的交货清单正本一份；（2）买方签署的收货清单正本一份；（3）制造商出具的出厂质量合格证正本一份；（4）合同价格 100% 金额的增值税发票正本一份。

【历年这样考】

1.【2022年真题】根据《标准设备采购招标文件》中的通用合同条款，除专用合同条款另有约定外，买方应向卖方支付合同价格的（ ）作为验收款。

A.25% B.30%

C.40% D.60%

【答案】A。

2.【2022年真题】根据《标准设备采购招标文件》中的通用合同条款，设备采购支付的合同价款有（ ）。

A.预付款 B.交货款

C.监造款 D.验收款

E.结清款

【答案】ABDE。

3.【2021年真题】根据《标准设备采购招标文件》，除专用合同条款另有约定外，卖方按合同约定交付全部合同设备后，买方应向卖方支付合同价格的（ ）作为交货款。

A.40% B.50%

C.60% D.70%

【答案】C。

4.【2020年真题】根据《标准设备采购招标文件》中的通用合同条款，卖方交付合同约定的全部设备后，买方在支付合同价款前需收到卖方提交的单据有（ ）。

A.卖方出具的交货清单正本一份

B.买方签署的收货清单正本一份

C.制造商出具的设备出厂质量合格证正本一份

D.合同价格100%金额的增值税发票正本一份

E.监造人员出具的合同设备监造确认书一份

【答案】ABCD。

【还会这样考】

除专用合同条款另有约定外，买方应通过预付款、交货款、验收款、结清款等方式和比例向卖方支付合同价款。下列关于支付比例的说法中，错误的是（ ）。

A.预付款应为签约合同价的10%

B.交货款应为签约合同价格的60%

C.验收款应为合同价格的25%

D.结清款应为合同价格的5%

【答案】B。

二、包装、标记、运输和交付

【考生必掌握】

1. 包装

每个独立包装箱内应附装箱清单、质量合格证、装配图、说明书、操作指南等资料。

2. 标记

（1）卖方应在每一包装箱相邻的四个侧面以不可擦除的、明显的方式标记必要的装运信息和标记，以满足合同设备运输和保管的需要。

（2）对于专用合同条款约定的超大超重件，卖方应在包装箱两侧标注"重心"和"起吊点"以便装卸和搬运。

3. 运输

卖方应在合同设备预计启运 7 日前，将合同设备名称、数量、箱数、总毛重、总体积、每箱尺寸、装运合同设备总金额、运输方式、预计交付日期和合同设备在运输、装卸、保管中的注意事项等预通知买方，并在合同设备启运后 24 小时之内正式通知买方。

4. 交付

（1）交付流程，如图 8-3 所示。

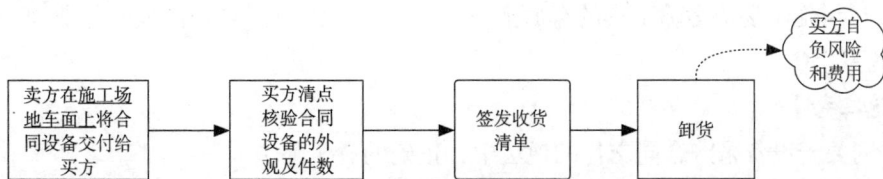

图 8-3 交付流程

【想对考生说】

注意：买方签发收货清单不代表对合同设备的接受，双方还应按合同约定进行后续的检验和验收。

（2）合同设备的所有权和风险自交付时起由卖方转移至买方，合同设备交付给买方之前包括运输在内的所有风险均由卖方承担。

（3）买方如果发现技术资料存在短缺和（或）损坏，卖方应在收到买方的通知后 7 日内免费补齐短缺和（或）损坏的部分。买方发现卖方提供的技术资料有误，卖方应在收到买方通知后 7 日内免费替换。如由于买方原因导致技术资料丢失和（或）损坏，卖方应在收到买方的通知后 7 日内补齐丢失和（或）损坏的部分，但买方应向卖方支付合理的复制、邮寄费用。

【想对考生说】

对于技术资料无论是短缺和（或）损坏还是有误，卖方补全或更换的期限均为 7 日内。

【历年这样考】

1.【2023 年真题】根据《标准设备采购招标文件》，对于专用合同条款约定的超大超重设备，卖方应在包装箱两侧标注的内容是（　　）。

A.产品名称和吊装要求　　　　　　B.重心和吊装要求

C.重心和起吊点　　　　　　　　　D.产品名称和起吊点

【答案】C。

【想对考生说】

本考点于 2021 年也以同一形式进行了单项选择题的考查，此处仅以 2023 年真题为例作为参考。

2.【2020 年真题】根据《标准设备采购招标文件》，买卖双方可约定合同设备的所有权和风险转移的界面为（　　）。

A.装在设备制造厂的运输工具上　　B.施工场地设备安装部位

C.运至施工场地运输工具的车面上　D.施工场地的安装作业面

【答案】C。

【还会这样考】

下列关于设备采购合同交付的说法中，正确的有（　　）。

A.买方签发收货清单代表对合同设备的接受

B.合同设备的所有权和风险自交付时起由卖方转移至买方

C.合同设备交付之前包括运输在内的所有风险均由买方承担

D.买方发现技术资料存在短缺和（或）损坏，卖方应在收到买方的通知后 14 日内免费补齐短缺和（或）损坏的部分

【答案】B。

三、开箱检验、考核、验收

【考生必掌握】

1.开箱检验

开箱检验的相关知识，见表 8-5。

开箱检验　　　　　　　　　　　　　　　　　　　　　　　表 8-5

项目	内容
检验内容	合同设备交付后应进行开箱检验，即合同设备数量及外观检验
检验时间	（1）开箱检验在专用合同条款约定的下列任一种时间进行：合同设备交付时；合同设备交付后的一定期限内。 （2）开箱检验不在合同设备交付时进行，买方应在开箱检验 3 日前将开箱检验的时间和地点通知卖方
检验地点	应在施工场地进行
检验主体	（1）由买卖双方共同进行。 （2）如卖方代表未能依约或按买方通知到场参加开箱检验，买方有权在卖方代表未在场的情况下进行开箱检验
检验报告	买方和卖方应共同签署数量、外观检验报告

【想对考生说】

注意：开箱检验的检验结果不能对抗在合同设备的安装、调试、考核、验收中及质量保证期内发现的合同设备质量问题，也不能免除或影响卖方依照合同约定对买方负有的包括合同设备质量在内的任何义务或责任。

2. 考核

由于卖方原因未能达到技术性能考核指标时，为卖方进行考核的机会不超过三次。

3. 验收

验收日期应为合同设备达到或视为达到技术性能考核指标的日期。如由于买方原因合同设备在三次考核中均未能达到技术性能考核指标，买卖双方应在考核结束后 7日内或专用合同条款另行约定的时间内签署验收款支付函。除专用合同条款另有约定外，卖方有义务在验收款支付函签署后 12 个月内应买方要求提供相关技术服务。

【历年这样考】

1.【2023 年真题】设备开箱检验内容应包括（　　）。

A. 数量检验　　　　　　　　　　　　　B. 质量检验

C. 性能检验　　　　　　　　　　　　　D. 外观检验

E. 功能性检验

【答案】AD。

2.【2023 年真题】除专用合同条款另有约定外合同设备的开箱检验应在施工场地进行，开箱检验由买卖双方共同进行，买方和卖方应共同签署的文件是（　　）。

A. 检测检验报告　　　　　　　　　　　B. 数量检验报告

C. 质量合格证书　　　　　　　　　　　D. 外观检验报告

E. 质量证明文件

【答案】BD。

3.【2023年真题】根据《标准设备采购招标文件》，由于卖方原因导致合同设备未能达到技术性能考核指标时，为卖方进行考核的机会应不超过（　　）。

A. 2
B. 3

C. 4
D. 5

【答案】B。

4.【2022年真题】根据《标准设备采购招标文件》中的通用合同条款，除专用合同条款另有约定外，合同设备的开箱检验应在（　　）进行。

A. 卖方仓库
B. 第三方检测地

C. 施工场地
D. 第三方物流公司

【答案】C。

5.【2020年真题】根据《标准设备采购招标文件》，由于买方原因，合同约定的设备在三次考核中均未能达到技术性能考核指标，买卖双方应签署的文件是（　　）。

A. 设备质量合格证
B. 验收款支付函

C. 进度款支付函
D. 设备验收证书

【答案】B。

【还会这样考】

下列关于设备采购合同开箱检验的说法中，错误的是（　　）。

A. 当开箱检验不在合同设备交付时进行，买方应在开箱检验7日前将开箱检验的时间和地点通知卖方

B. 应在施工场地进行检验

C. 如卖方代表未能依约或按买方通知到场参加开箱检验，买方有权在卖方代表未在场的情况下进行开箱检验

D. 买方和卖方应共同签署数量、外观检验报告

【答案】A。

四、违约责任

【考生必掌握】

1. 卖方迟延交付的违约金

（1）卖方未能按时交付合同设备的，应向买方支付迟延交付违约金。除专用合同条款另有约定外，迟延交付违约金的计算方法，见表8-6。

卖方迟延交付的违约金　　　　　　　　　　　　　　　表8-6

迟交时间	每周迟延交付违约金的数额
迟交的第1周到第4周	迟交合同设备价格的0.5%
迟交的第5周到第8周	迟交合同设备价格的1%
迟交第9周起	迟交合同设备价格的1.5%

（2）迟延交付违约金的总额不得超过合同价格的 10%。

（3）迟延交付违约金的支付不能免除卖方继续交付相关合同设备的义务，但如迟延交付必然导致合同设备安装、调试、考核、验收工作推迟的，相关工作应相应顺延。

2.买方迟延付款违约金

【想对考生说】

买方迟延付款违约金的相关内容与卖方迟延交付违约金基本相同，这里就不再赘述了。

【历年这样考】

【2021 年真题】根据《标准设备采购招标文件》中的通用合同条款，设备采购合同履行过程中，卖方未能按时交付合同设备的，应向买方支付迟延交付违约金。除专用合同条款另有约定外，迟延交付违约金的计算方法有（　　）。

A.迟交 2 周的，每周迟延交付违约金是迟交合同设备价格的 0.5%

B.迟交 3 周的，每周迟延交付违约金是迟交合同设备价格的 0.5%

C.迟交 4 周的，每周迟延交付违约金是迟交合同设备价格的 1%

D.迟交 6 周的，每周迟延交付违约金是迟交合同设备价格的 1.5%

E.迟交 8 周的，每周迟延交付违约金是迟交合同设备价格的 2%

【答案】AB。

【还会这样考】

设备采购合同的卖方未能按时交付合同设备的，应向买方支付迟延交付违约金。从迟交的第 5 周到第 8 周，每周迟延交付违约金为迟交合同设备价格的（　　）。

A. 0.5%　　　　　　　　　　　　B. 1%

C. 1.5%　　　　　　　　　　　　D. 2%

【答案】B。

第一节　FIDIC 施工合同条件

一、《施工合同条件》中各方责任和义务

【考生必掌握】

《施工合同条件》是 FIDIC 系列合同条件中最具代表性的文本。在《施工合同条件》模式下，项目主要参与方为<u>业主</u>、<u>承包商</u>和<u>工程师</u>，三类参与方的责任和义务见表 9-1。

《施工合同条件》中各方责任和义务　　　　　　　　　　　　表 9-1

项目	责任和义务
业主	委托任命工程师代表业主进行合同管理；承担大部分或全部设计工作并及时向承包商提供设计图纸；给予承包商现场占有权；向承包商及时提供信息、指示、同意、批准及发出通知；避免可能干扰或阻碍工程进展的行为；提供业主方应提供的保障、物资；在必要时指定专业分包商和供应商；做好项目资金安排；在承包商完成相应工作时按时支付工程款；协助承包商申办工程所在国法律要求的相关许可等
承包商	按照合同规定及工程师的指示对工程进行设计、施工和竣工并修补缺陷；为工程的设计、施工、竣工及修补缺陷提供所需的设备、文件、人员、物资和服务；对所有现场作业和施工方法的完备性、稳定性和安全性负责，并保护环境；提供工程执行和竣工所需的各类计划、实施情况、意见和通知；提交竣工文件以及操作和维修手册；办理工程保险；提供履约担保证书；履行承包商日常管理职能等
工程师	执行业主委托的施工项目质量、进度、费用、安全、环境等目标监控和日常管理工作，包括协调、联系、指示、批准和决定等；确定确认合同款支付、工程变更、试验、验收等专业事项等；向助手指派任务和委托部分权力，但<u>工程师无权修改合同，无权解除任何一方依照合同具有的职责、义务或责任</u>

【历年这样考】

1.**【2022 年真题】**根据 FIDIC《施工合同条件》，工程师受业主委托进行合同管理时，应履行的工作职责和义务有（　　）。

A.确认工程变更和合同价款支付

B.提前将其参加试验的意向通知承包商

C. 解除任何一方依照合同应具有的职责

D. 向其助手指派任务和委托部分权力

E. 随时进行工程计量

【答案】ABD。

2.【2020年真题】根据FIDIC《施工合同条件》,属于工程师职责和权力的是（ ）。

A. 提供履约担保证书　　　　　　　B. 及时提供设计图纸

C. 给予承包商现场进入权　　　　　D. 接收并处理索赔报告

【答案】D。

【还会这样考】

1. 根据FIDIC《施工合同条件》,下列关于工程师地位的说法,正确的是（ ）。

A. 工程师不属于雇主人员

B. 为业主开展项目日常管理工作

C. 工程师的权利并不来自于雇主

D. 工程师应当尽力帮助承包商解决问题

【答案】B。

2. 在《施工合同条件》模式下,项目主要参与方包括业主、承包商和工程师。其中,业主方的责任和义务包括（ ）。

A. 承担大部分或全部设计工作

B. 避免可能干扰或阻碍工程进展的行为

C. 提供工程执行和竣工所需的各类计划、实施情况、意见和通知

D. 做好项目资金安排

E. 提供履约保证书

【答案】ABD。

二、《施工合同条件》典型条款分析

【考生必掌握】

《施工合同条件》典型条款分析见表9-2。

《施工合同条件》典型条款分析　　　　　　　　　　表9-2

项目	内容
估价	同时满足以下情形一中4个条件,或同时满足情形二中3个条件的,可对该项工作规定的费率或价格加以调整: （1）情形一: 1）此项工作测量的工程量比工程量表或其他报表中规定的工程量的变动超过10%; 2）工程量的变动与费率的乘积超过了中标合同额的0.01%; 3）工程量的变动直接导致该项工作每单位成本的变动超过1%; 4）合同中没有规定此项工作为固定费率。

续表

项目		内容
估价		（2）情形二： 1）根据变更和调整的规定指示的工作； 2）合同中没有规定该项工作的费率或价格； 3）由于该项工作的性质不同或实施条件不同，合同中未规定适合的费率或价格
不可预见		"不可预见"的风险分配方式使承包商在投标时将风险限制在"可预见的"范围内，业主获得的应是承包商未考虑不可预见风险的正常标价和施工方案
工程照管责任		承包商应从开工日期起，承担照管责任，直到颁发工程接收证书之日止，这时工程照管责任应移交给业主。移交给业主后，承包商仍应对其扫尾工作承担照管责任，直到扫尾工作完成。如合同发生终止，则从终止之日起，承包商不再承担工程照管责任
工程的接收		承包商可在其认为工程即将竣工并做好接收准备的日期前不少于 14 天，向工程师发出申请接收证书的通知。工程师在收到承包商申请通知后 28 天内，应向承包商颁发接收证书。如果承包商提交接收申请 28 天内，工程师仍未答复，则若工程达到接收条件，即视为工程已在工程师收到承包商的申请通知后的第 14 天竣工，且被视为已颁发了接收证书
误期赔偿费		误期赔偿费应按照合同中规定的每天应付金额，乘以接收证书上注明的日期超过规定的竣工时间的天数计算，且计算的赔偿总额不得超过合同中规定的误期赔偿费的最高限额。支付赔偿费并不能解除承包商完成工程的义务或合同规定的其他责任和义务
索赔		承包商应在察觉或应已察觉事件或情况后 28 天内向工程师发出索赔通知，在规定期限内向工程师递交一份充分详细的索赔报告，工程师在收到索赔报告或证明资料后 42 天内，或在工程师可能建议并经承包商认可的其他期限内，做出回应。 业主通过索赔是否有权得到承包商的支付和（或）缺陷通知期的延长由工程师确定
争端处理	争端避免/裁决委员会的任命	业主和承包商双方应在规定的日期前联合任命 DAAB，DAAB 由具有适当资格的一人或三人组成。DAAB 成员与业主、承包商及工程师没有利害关系，由业主、承包商双方联合任命、分摊酬金
	争端避免/裁决委员会的决定	DAAB 应在收到委托事项后 84 天内或在双方认可的其他期限内，提出其有理由的决定。除非并直到该决定在友好解决或仲裁后应做出修改，该决定对双方具有约束力。 如果任一方对 DAAB 的决定不满，可以在收到该决定通知后 28 天内，将其不满向另一方发出通知

【历年这样考】

1.【2023 年真题】国际咨询工程师联合会（FIDIC）发布的《施工合同条件》规定，某项工作测量的工程量比工程量表中规定的工程量的变动超过（　　）时，应对该项工作规定的费率或价格进行调整。

A. 5% 　　　　　　　　　　　　　B. 10%

C. 15% 　　　　　　　　　　　　 D. 20%

【答案】B。

2.【2022 年真题】根据 FIDIC《施工合同条件》，合同争端可按照规定由争端避免/裁决委员会（DAAB）裁决。关于 DAAB 人员任命和酬金的说法，正确的是（　　）。

A. 由业主任命、承包商承担酬金

B. 合同双方联合任命、业主承担酬金

C. 合同双方联合任命、承包商承担酬金

D. 合同双方联合任命、分摊酬金

【答案】D。

3.【2021年真题】根据FIDIC《施工合同条件》承包商应从开工之日起，承担工程照管责任，直到（　　）之日止。

A. 承包商提交工程竣工验收申请　　　　　B. 业主颁发工程接收证书

C. 承包商提交工程竣工结算申请　　　　　D. 业主颁发工程缺陷责任证书

【答案】B。

4.【2020年真题】根据FIDIC《施工合同条件》，承包商向工程师发出申请工程接收证书通知的时间应在承包商认为工程即将竣工并做好接收准备日期前不少于（　　）日。

A. 14　　　　　　　　　　　　　　　　B. 21

C. 28　　　　　　　　　　　　　　　　D. 30

【答案】A。

【还会这样考】

根据FIDIC《施工合同条件》，承包商应在察觉或应已察觉事件或情况后28天内，承包人首先要做的工作是（　　）。

A. 向监理工程师提出索赔意向通知　　　　B. 向监理工程师提交索赔证据

C. 向监理工程师提交索赔报告　　　　　　D. 与业主就索赔事项进行谈判

【答案】A。

第二节　FIDIC 设计采购施工（EPC）/交钥匙合同条件

一、《设计采购施工（EPC）/交钥匙合同条件》及各方责任和义务

【考生必掌握】

1.《设计采购施工（EPC）/交钥匙合同条件》（简称：银皮书）概述

（1）适用于设计—采购—施工总承包模式，该模式下业主只选定一个承包商，由承包商根据合同要求，承担建设项目的设计、采购、施工及试运行，向业主交付一个建成完好的工程设施并保证正常投入运营。

（2）尤其适于提供设备、工厂或类似设施、基础设施工程及BOT等类型项目。

（3）业主选择EPC合同多有如下考虑：期望工程总造价固定、不超过投资限额，项目风险大部分由承包商承担；期望工期确定，使项目能在预定的时间投产运行；业主缺乏经验或人员有限，需要一揽子将项目发包给一个承包商，由其负责组织完成整个项目；业主采用比较宽松的管理方式，按里程碑方式支付；严格竣工检验以保证工程完工的质量，使项目发挥预期效益。

（4）银皮书中没有"工程师"这一角色，而是由业主方委派"业主代表"代替业

主负责工程管理工作，实现合同目标。承包商应接受业主或业主代表提出的指令。

（5）在工程款支付上，由业主根据承包商的报表直接支付，而<u>没有</u>工程师开具支付证书这个中间环节。

2.业主和承包商的主要责任和义务

业主和承包商的主要责任和义务见表 9-3。

业主和承包商的主要责任和义务 表 9-3

业主的主要责任	承包商的主要责任和义务
（1）向承包商提供工程资料和数据。 （2）向承包商提供现场进入权和占用权。 （3）委派业主代表。 （4）做好项目资金安排。 （5）向承包商支付工程款。 （6）向承包商发出根据合同履行义务所需要的指示。 （7）发出变更通知。 （8）审核承包商文件。 （9）为承包商提供协助和配合。 （10）准备并负责业主设备。 （11）颁发工程接收证书等	（1）按照合同进行设计、实施和完成工程，并修补工程中的缺陷。 （2）工程完工后应满足合同规定的预期目标。 （3）应提供合同规定的生产设备和承包商文件，以及设计、施工、竣工和修补缺陷所需的人员、物资和服务。 （4）为工程的完备性、稳定性和安全性承担责任并保护环境。 （5）提供履约担保证。 （6）负责核实和解释现场数据。 （7）遵守安全程序。 （8）建立质量保证体系。 （9）<u>编制提交月进度报告</u>。 （10）办理工程保险。 （11）负责承包商设备。 （12）负责现场保安。 （13）照管工程和货物。 （14）编制和提交竣工文件。 （15）<u>对业主人员进行工程操作和维修培训</u>等

【历年这样考】

1.【2021 年真题】根据 FIDIC《设计采购施工（EPC）/ 交钥匙工程合同条件》，承包商应履行的合同义务有（　　）。

A. 向业主提供工程设计标准　　　　B. 向业主提交月进度报告

C. 向业主提供临时操作与维护手册　　D. 向工程师报批所有分包商

E. 对业主人员进行操作与维修培训

【答案】BCE。

2.【2020 年真题】FIDIC《设计采购施工（EPC）/ 交钥匙工程合同条件》的特征有（　　）。

A. 招标文件应提供详细的施工图纸

B. 承包商应负责建成设施的长期商业运营

C. 业主承担全部"不可预见的困难"风险

D. 采用总价合同计价模式

E. 业主委派"业主代表"负责管理合同

【答案】DE。

【还会这样考】

下列关于《设计采购施工（EPC）/交钥匙合同条件》相关事项的说法中，错误的是（　　）。

A. 适于提供设备、工厂或类似设施及 BOT 等类型项目

B. 项目风险大部分由业主承担

C. 由业主方委派"业主代表"代替业主负责工程管理工作

D. 由业主根据承包商的报表直接支付，而没有工程师开具支付证书这个中间环节

【答案】B。

二、《设计采购施工（EPC）/交钥匙合同条件》典型条款分析

《设计采购施工（EPC）/交钥匙合同条件》典型条款分析见表9-4。

《设计采购施工（EPC）/交钥匙合同条件》典型条款分析　　　　表 9-4

项目	内容
合同组成文件	银皮书合同文件的组成及其优先次序是：（1）合同协议书→（2）专用合同条件→（3）通用合同条件→（4）业主要求→（5）明细表→（6）投标书→（7）联合体保证（如投标人为联合体）→（8）其他组成合同的文件
业主代表	根据合同，业主应任命一名"业主代表"，代表业主进行日常管理工作，业主方应将业主代表的姓名、地址、职责和权力通知给承包商
承包商代表	承包商应任命一名"承包商代表"，并授予其代表承包商履行合同所需的全部权力
设计及数据风险	根据银皮书，业主应对"业主要求"及业主提供信息的下列部分的正确性负责： （1）在合同中规定的由业主负责或不可改变的部分、数据和资料； （2）对工程的预期目标的说明； （3）工程竣工的试验和性能的标准； （4）承包商不能核实的部分、数据和资料，除非合同另有规定。 除上述情况外，业主不应对原包括在合同内的业主要求的任何错误、不准确或疏漏负责
进度计划	银皮书规定，承包商应在开工日期后 28 天内向业主提交一份进度计划。进度计划应包括承包商计划实施工程的工作顺序，包括工程各主要阶段的预期时间安排、各项检验和试验的顺序和时间安排
支付	业主在收到经双方商定的最终报表和书面结清证明后 42 天内，向承包商支付应付的最终款额

【历年这样考】

1.【2023 年真题】根据 FIDIC《设计采购施工（EPC）/交钥匙合同条件》，业主应对（　　）的正确性负责。

A. 当地气候水文条件的说明　　　　　B. 工程预期目标的说明

C. 工程竣工的试验和性能标准　　　　D. 完成工程所需工作量的说明

E. 所提供现场数据的说明

【答案】BC。

2.【2022 年真题】根据 FIDIC《设计采购施工（EPC）/交钥匙合同条件》，承包商应在开工日期后（　　）天内向业主提交一份进度计划。

A. 21   B. 28

C. 42   D. 56

【答案】B。

3.【2021年真题】根据FIDIC《设计采购施工（EPC）/交钥匙工程合同条件》，优先解释顺序仅次于合同协议书和合同条件的合同文件是（　　）。

A. 投标书   B. 工程量清单

C. 业主要求   D. 设计标准

【答案】C。

【想对考生说】

2020年考试题目是对合同优先解释顺序的另一种题型，判断备选项中各合同条件的顺序是否正确。

4.【2020年真题】根据FIDIC《设计采购施工（EPC）/交钥匙工程合同条件》，承包商在开工后向业主提交的进度计划中所包括的内容有（　　）。

A. 保证进度计划如期实现承诺书   B. 工程各主要阶段的预期安排

C. 各项重要检验工作的顺序安排   D. 各项重要试验的时间安排

E. 计划采取的赶工方案及措施

【答案】BCD。

【还会这样考】

根据FIDIC《设计采购施工（EPC）/交钥匙合同条件》，业主在收到经双方商定的最终报表和书面结清证明后（　　）天内，向承包商支付应付的最终款额。

A. 21   B. 28

C. 42   D. 56

【答案】C。

第三节　NEC施工合同（ECC）及合作伙伴管理

一、ECC合同的内容组成

【考生必掌握】

（1）ECC合同的内容组成，见表9-5。

ECC 合同的内容组成 表 9-5

工程施工合同文本的结构	特点	内容
核心条款	是施工合同的主要共性条款；适用于施工承包、设计施工总承包和交钥匙工程承包等不同模式	总则；承包商的主要责任；工期；测试和缺陷；付款；补偿事件；所有权；风险和保险；争端和合同终止
主要选项条款	是对核心条款的补充和细化	选项 A：带有分项工程表的标价合同。选项 B：带有工程量清单的标价合同。选项 C：带有分项工程表的目标合同。选项 D：带有工程量清单的目标合同。选项 E：成本补偿合同。选项 F：管理合同
次要选项条款	使用者可以根据其项目模式特点和自身需要，在核心条款的基础上，加上选定的主要选项条款和次要选项条款	履约保证；母公司担保；支付承包商预付款；多种货币；区段竣工；承包商对其设计所承担的责任只限运用合理的技术和精心设计；通货膨胀引起的价格调整；保留金；提前竣工奖金；工期延误赔偿费；功能欠佳赔偿费；法律的变化等

【想对考生说】

一定要注意主要选择条款只能选择一项。

核心条款内容的助记：

（1）总则、工期、测缺陷；（2）付款、补偿、所有权；（3）二险、争端、合同止；（4）承包商的主责现。

（2）标价合同适用于签订合同时价格已经确定的合同，对于主要选项条款还应掌握 6 个不同合同计价模式的适用情形：

选项 A、B→在签订合同时价格已经确定的合同。

选项 C、D→在签订合同时工程范围尚未确定，合同双方先约定合同的目标成本，当实际费用节支或超支时，双方按合同约定的方式分摊。

选项 E→工程范围很不确定且急需尽早开工的项目，工程成本部分实报实销，再根据合同确定承包商酬金的取值比例或计算方法。

选项 F→施工管理承包。

【历年这样考】

1.【2023 年真题】对于英国新工程合同（NEC）系列中的工程施工合同（ECC），其核心条款所包含的内容是（　　）。

A. 法律的变化 　　　　　　　　　B. 保留金

C. 区段竣工 　　　　　　　　　　D. 补偿事件

【答案】D。

【想对考生说】

本考点为高频考点，于 2019 年、2021 年、2022 年均对核心条款进行了考查，要注意与次要选项条款的区分。

2.【2022 年真题】根据英国工程施工合同（ECC）条件，属于次要选项条款的有（　　）。

A. 测试和缺陷
B. 保留金
C. 争端和合同终止
D. 所有权
E. 工期延误赔偿费

【答案】BE。

3.【2020 年真题】英国土木工程师学会发布的工程施工合同（ECC）的基本组成内容有（　　）。

A. 核心条款
B. 索赔条款
C. 主要选项条款
D. 次要选项条款
E. 裁决协议条款

【答案】ACD。

4.【2018 年真题】根据 NEC《工程施工合同》，签订合同时，价格已经确定的合同属于（　　）。

A. 管理合同
B. 目标合同
C. 标价合同
D. 成本补偿合同

【答案】C。

【想对考生说】

本题涉及的采分点并不是第一次考查，在 2016 年也曾考查过与本题基本完全一样的题目。

【还会这样考】

根据《英国工程施工合同文本》（ECC），属于次要选项条款的有（　　）。

A. 补偿事件
B. 测试和缺陷
C. 通货膨胀引起的价格调整
D. 工期延误赔偿费
E. 提前竣工奖金

【答案】CDE。

二、合作伙伴管理理念

【考生必掌握】

【想对考生说】

　　合作伙伴管理理念主要包括早期警告以及补偿事件两方面内容，该知识点简单了解即可，不做重点掌握。

第四节　AIA 系列合同及 CM 和 IPD 合同模式

一、CM 合同模式

【考生必掌握】

　　1. CM 模式类型

　　（1）CM 合同属于管理承包合同。

　　（2）依据业主委托管理范围和管理责任的不同，分为代理型 CM 模式和风险型 CM 模式两类。

　　①代理型 CM 模式：CM 承包商只为业主对设计和施工阶段的有关问题提供咨询服务，不负责工程分包的发包，不承担项目的实施风险。

　　②风险型 CM 模式：CM 承包商在工程设计阶段就应介入。CM 承包商对业主委托范围的工作，可以自己承担部分施工任务，也可以全部由分包商实施。

　　2. 风险型 CM 的工作

　　风险型 CM 承包商的工作内容包括施工前阶段的咨询服务和施工阶段的组织管理工作。

　　3. 合同计价方式

　　（1）风险型 CM 合同采用成本加酬金的计价方式，成本部分由业主承担，CM 承包商获取约定的酬金。

　　（2）CM 承包商不赚取总包与分包合同之间的差价。

　　（3）CM 承包商的酬金约定通常可采用以下三种方式中的一种：按分包合同价的百分比取费；按分包合同实际发生工程费用的百分比取费；固定酬金。

　　4. 保证工程最大费用的限定

　　（1）施工图设计完成后，CM 承包商按照最终的工程预算提出保证工程的最大费用值（GMP）。

　　（2）当工程实际总费用超过 GMP 时，超过部分由 CM 承包商承担。

【历年这样考】

1.【2023年真题】美国建筑师学会（AIA）制定的风险型CM合同模式，采用的计价方式是（　　）。

A. 成本加酬金   B. 固定单价

C. 变动总价   D. 可调总价

【答案】A。

2.【2021年真题】关于CM合同模式的说法，正确的有（　　）。

A. 风险型CM合同采用成本加酬金的计价方式

B. 代理型CM承包商负责工程分包的发包

C. CM合同属于管理承包合同

D. 代理型CM承包商不承担工程实施风险

E. 风险型CM承包商只负责施工阶段的组织管理工作

【答案】ACD。

3.【2019年真题】美国建筑师学会（AIA）合同文本中，关于风险型管理承包合同（CM）的说法，正确的是（　　）。

A. 承包商不与分包商订立分包合同

B. 不允许承包商将全部施工任务进行分包

C. 采用成本加酬金的计价方式

D. 采用单价合同的计价方式

【答案】C。

【想对考生说】

风险型管理承包合同（CM）采用的是成本加酬金的计价方式，且CM承包商不赚取总包、分包合同的差价，这一考点在2015年、2016年、2018年的考试中均进行了考查。

4.【2018年真题】风险型CM合同中，关于保证工程最大费用值（GMP）的说法，正确的是（　　）。

A. GMP为合同承包总价

B. 节约的GMP全部归CM承包商

C. 节约的GMP全部归业主

D. 工程实际总费用超过GMP的部分由CM承包商承担

【答案】D。

【还会这样考】

依据业主委托项目实施阶段管理的范围和管理责任不同，CM合同分为（　　）。

A. 通用型CM合同   B. 管理型CM合同

C. 代理型 CM 合同 　　　　　　　　　　　D. 风险型 CM 合同

E. 专用型 CM 合同

【答案】CD。

二、IPD 合同模式

扫码学习